"海洋梦"系列丛书

海纳百川

海洋资源面面观

"海洋梦"系列丛书编委会◎编

合肥工业大学出版社
HEFEI UNIVERSITY OF TECHNOLOGY PRESS

图书在版编目（CIP）数据

海纳百川：海洋资源面面观/"海洋梦"系列丛书编委会编 . —合肥：合肥工业大学出版社，2015.9

ISBN 978 - 7 - 5650 - 2417 - 7

Ⅰ. ①海… Ⅱ. ①海… Ⅲ. ①海洋资源—普及读物 Ⅳ. ①P74 - 49

中国版本图书馆 CIP 数据核字（2015）第 209050 号

海纳百川：海洋资源面面观

"海洋梦"系列丛书编委会 编　　　　　　　　责任编辑　韩沁钊　孟宪余

出　版	合肥工业大学出版社	版　次	2015 年 9 月第 1 版
地　址	合肥市屯溪路 193 号	印　次	2015 年 9 月第 1 次印刷
邮　编	230009	开　本	710 毫米×1000 毫米　1/16
电　话	总 编 室：0551 - 62903038	印　张	12.75
	市场营销部：0551 - 62903198	字　数	200 千字
网　址	www. hfutpress. com. cn	印　刷	三河市燕春印务有限公司
E-mail	hfutpress@ 163. com	发　行	全国新华书店

ISBN 978 - 7 - 5650 - 2417 - 7　　　　　　　　定价：25.80 元

如果有影响阅读的印装质量问题，请与出版社市场营销部联系调换。

◻◻◻⇨ 目 录

第一章
最大的粮仓：生物资源

　　海洋及其海岸带是生物多样性的伊甸园，海洋动物、海洋植物、海洋微生物种类繁多，为人类提供了食物的来源。同时，海洋里还有很多具有独特营养价值、含有众多生物活性物质的海洋生物，成为海洋药物研究和开发的宝库。海洋蕴含的药物种类繁多，已经发现的只是九牛一毛，还有更多的潜在种类有待挖掘。21世纪是海洋的世纪，海洋也将成为人类的蓝色药箱。

第一节　错综复杂的生态系统

什么是海洋生态系统

生态系统是什么？海洋生态系统又是怎么回事？我们知道，生态系统是一架活机器，结构和功能齐全，它是指生物和非生物成分构成的一个互相作用的综合体，存在于一定的空间内的动态的系统。在这个动态系统中有能量的流动，有物质的循环，就好像人操纵的自动机器，自然而然地运转。对于海洋生态系统来说，相互联系的动物、植物以及微生物等是其中的生物成分。而海洋环境，则是阳光和空气、海水与无机盐等。海洋环境又有很多，大致可划分为大小不一的范围，小至一个潮塘，大到一个海湾，甚至整个海洋都可以包括在内。

这些生态系统机器都有类似的

美丽的海湾

海洋的消费者——鱼儿

结构和功能，也就是物质的循环，虽然大小不一，却都有着有能量的流动。比如在海洋当中，大鱼吃小鱼，而小鱼吃虾，虾吞海瘟，瘟食海藻，海藻从海水中或海底中吸收阳光和无机盐等并且进行光合作用，以制造有机物质来维持这个复杂的食物链体系。

但海洋环境中的无机物质从何而来？其实微生物将大鱼、小鱼以及虾、瘟和藻的遗体分解掉，并释放到环境当中去。这个生态系统物质循环的一般规律就是哪里来的就到哪里去。在这个生态系统中，主要有三个成员：消费者，无论是大鱼、小鱼，还是虾或海瘟，均不能自己制造出有机物质，只能去捕食；无生命的海洋环境，海藻等植物就是这个生产者；再就是分解者，它

们是辛勤的"清道夫"，如果缺失，海洋就会很快被动植物的排泄物或遗体填满，它们主要是微生物。在这个物质循环链中，每个环节都至关重要，相互依存，也互相制约，可谓息息相关。如今的海洋污染也越来越严重，已严重威胁到了海洋生态系统的平衡，"死海"的不断出现，还有赤潮的大范围出现，都可以说明这个问题。

什么是海洋生物

海洋生物是指海洋里的各种生物，包括海洋动物、海洋植物、微生物及病毒等。海洋科技工作者通过对我国海洋生物的调查研究，已在我国管辖海域记录到了5个生物界、44个生物门类，共

计 20 278 种海洋生物。其中种类最多的是动物界，原核生物界最少。我国的海洋生物种类约占全世界海洋生物总种数的 10%。

在外界不干扰的情况下，海洋生态系统就会达到一个动态的平衡，它的物质循环和能量流动都是一个动态的过程。故此，过度地开采与捕捞海洋生物，就会导致某个环节生物量的减少，也必定会使与之相关的下一个环节的生物数量减少。这样息息相关的链接，哪一个环节被破坏，都会使整个食物链甚至整个海洋生态系统平衡受到破坏，相反，捕捞产量也会不断下降。近年来的过度捕捞现象，就使得生物的繁殖力受到破坏，鱼虾的产量减少。除此之外，海洋污染是海洋生态系统平衡失调的一个重要原因。海洋一旦遭受污染，海洋动植物就会首

当其冲的受到危害，那么最终会损害人类自身的利益。

海洋生物多样性

海洋是人类的孕育者，它无私地哺育了地球，哺育了人类。海洋及其海岸带是生物多样性的乐园。相比陆地，海洋、特别是深海是生物多样性最为丰富的地区。海洋生物多样性可以维持海洋生态系统，可以使人类生产生活得到保证，更在一定程度上为人类的生存与发展提供了广阔的空间。并且，海洋生物多样性与人类有着很深的关系，这也说明了海洋生物多样性与全球粮食安全，还有消除贫困等问题的密切性。例如，鱼类资源大幅度锐减，那么生活在沿海地区的人们就会失去食物来源和维持生存的物质

绚丽多彩的海洋世界

手段。

　　生物多样性有很多作用，不仅能为人类提供生存所必需的食物以及药物和工业原料，还可以为改良生物品种提供基因源。21世纪以来，人口增长很快，人们的生活水平也不断地提高，开始越来越高地要求食物的数量和质量。在陆地空间相对缩小和其有效资源相对减少的现状下，仅仅靠开发陆地上的资源，是不可能满足人们的需要的。所以，人类对海洋的开发也会成为21世纪的重点。海洋是一个巨大的食物宝库。海洋中的鱼、虾、蟹、贝等都是人类的美味佳肴，也是人类蛋白质的重要来源。鱼鳔可作外科缝合线，而鱼的肝脏可以做成鱼肝油，像鱼皮、鱼胶也能制成革和胶，高级工业油也可以从鱼的脂肪中提炼；像珍珠贝可用来生产珍珠；而大型海藻如海带、紫菜、裙带菜既能当作食物，又能当作工业和医药的原料；另外，还有一些海藻可用来作饲料和肥料，甚至可做现代能源。

你知道吗

海洋里有多少种生物

　　海洋里到底有多少种生物？大概没有人能说出具体数字。全世界的科学家们正在进行一项空前的合作计划，为所有的海洋生物进行鉴定和编写名录。目前已经记录的海洋鱼类大概有15 304种，最终预计海洋鱼类大约有2万种。而目前已知的海洋生物有21万种，预计实际的数量则在这个数字的10倍以上，即210万种。

　　海洋水产资源是形成生活资料的自然资源，同时也是自然资源中的地表资源。这种生命资源有自然更新和再生的能力。自然环境中适宜条件下，我们要保护海洋生物多样性并研究、实施科学的管理，这样才能使生物资源的生态得以平衡并不断更新和繁衍，人类也才能持续、稳定地开发利用它。我们之所以研究海洋生物资源，就是为了对海洋的生物资源进行遗传多样性分析，以便对自然灾害，对生物资源的遗传影响，人为实践的干预进行评估，并制定和采取一些管理以及

丰富的海洋生物资源

保护的策略，使得生物多样性得到最大的保障。

复杂的海洋食物链

1. 海洋食物网

在我们的自然界中，单纯存在的食物链是没有的，一般是由许多长短不同的食物链相互交错，从而形成一个更为复杂的巨大网络，也就是食物网。而且，食物网之间也是经常有交错和联系的。例如，大虾有时摄食尚未长大的小鱼；还比如北极熊不只捕食海豹，还可以捕食鱼类。很多动物在生长过程中的不同阶段，食性会发生改变，比如有些海龟在小的时候吃植物，大了就开始食动物，所以，其营养层次也是不同的。现在的应用食物链已经概括了食物网的含义。有些不同物种有相同的捕食者，例如鱼类和乌贼都捕食虾，而海鸟却是这些鱼和乌贼的捕食者，甚至不同的发育阶段都可以归并在一个"营养物种"之下。而以"营养物种"来描绘食物网结构也有一个新名词，便是"简化食物网"。

乌贼

2. 海洋食物链的分级

海洋是地球上最大的一个生态系统，也是地球生物圈的重要组成部分。然而，海洋生态系统与陆地生态系统有着很大的不同，主要是组成部分不同，而食物链和食物网自身的特点也多有不同。

食物链是相互交错、复杂万分的，在自然界中，一个单纯的食物链也是不可能存在的，它只能是一个复杂的食物网。而且食物网之间也不是独立的，而是交错联系的。

海洋中各种生物建立起的食物链比起陆地上来，是非常有效的。陆地食物链的环节较少，而海洋食物链则较多。事实上，不论陆地或是海洋，生物之间的食物链依然是极为复杂的，例如，北极熊不仅捕食鱼类，还捕食海豹，以此为食；而大虾也偶尔会吃小鱼。

正是因为如此，"海洋食物网"这一概念被生物科学家提出。海洋食物链所表达的是一种摄食关系在各个营养级之间发生转变，只是，海洋食物链的营养级并不是静止的，在许多时候会产生逆转和分枝，因此用这个描述，可以将复杂的海洋生物摄食模式很可信地描述出来。

3.海洋食物链的存在方式

海洋生物之间有着很复杂的关系，海洋生物的种类和数量也非常巨大。

海洋食物链存在方式不同，主要有两种方式：一种是"牧食食物链"，而另一种形式是"碎屑食物链"。前者是从绿色植物开始，比如小型浮游微藻到浮游动物或者较大的植食性动物中，肉食性的鱼类是食物链的顶端。后者则是以碎屑为起点的食物链。而食物的转移方式是从碎屑，包括死亡的有机物以及小型原生动物粪便、细菌等，到食小碎物的螃蟹、小鱼，还有较大的食肉动物，例如海鸟以及大鱼等为末端。

大洋中沿岸食物链、大洋食物链和上升流食物链是"海洋牧食食物链"的三种类型。由于这三种水域的环境特点各不相同，另外，生活的海洋生物种类也不一样，所以食物链长短，也就是营养级的数量不同。上升流食物链的营养级最少，沿岸食物链会多些，而大洋区的生物种类食物链的营养级是最多的。

海洋食物网——鲨鱼捕食小鱼

海洋生物的价值

海洋生物与人类的关系密切，对人类的生产和生活具有巨大的价值，主要体现在以下三个方面：

1. 科学研究

比如仿生学，早在远古时代，人们就已开始模仿生物了。舟船、舵和桨，就是古人依照鱼的形状以及鱼尾和鱼鳍发明出来的。依据海豚的体形、皮肤结构等特点，设计出的潜艇、鱼雷和小型船只的水下部分，可减少阻力 20%~50%。

2. 食用价值

海洋生物多样，注定成为人们猎食的对象。自古以来，人们就喜食海产品，而到今天，海洋食品在我们的生活中越来越多，鱼、虾、蟹、贝、藻类(海带、紫菜)这些海洋食品在我们的餐桌上随处可见。而近些年，随着人们对保健食品的喜爱，海洋食品就又以其独特的生物活性成分越来越受到关注。而且由于海洋食品加工方式的不断进步，海洋食品进入我们饮食的方式也就更加多样，我们在无形中接触到了海洋产品，而自己却不知道。相信海洋食品的明天将更加灿烂。

3. 药用材料

海洋生物是生物活性物质的宝库。20 世纪 60 年代以来，已从海洋生物中分离得到 6000 余种结构明

海蟹

确的化合物，且其中有近 3000 种具有一定的生物活性。这些具有活性的独特化合物的结构，给药物学家提供了难得的药物设计分子模型，启迪着他们的药物设计思维。

当然海洋生物的价值远不止这些，还有可作为能源物质、新材料和作为农作物所用的化肥或用以观赏等许多功能，我们在这里不再一一表述，而且随着科学技术的进步，许多尚未发现的功能或许也会造福人类。

第二节　奇异多彩的海洋生物

来自龙宫的朋友：海洋动物

1. 海洋腔肠动物

腔肠动物是一群很奇特的动物，它们看起来往往像植物而不像动物，如海葵、水螅、珊瑚等，都像是植物的枝条或花。它们是真正的双胚层多细胞动物，在动物进化史上占有重要地位，所有高等的多细胞动物都被认为是经过这种双胚层结构而进化发展生成的。全世界有 1 万多种腔肠动物，大都分布在温暖的浅海里，只有水螅等生活在湖或河流等淡水里。

腔肠动物是体呈辐射对称的两胚层多细胞动物。它们有口却无肛门，有消化循环腔，能进行细胞外消化和细胞内消化，并拥有原始的肌肉组织、神经组织及感觉器官。当他们发现贝壳类或鱼类等食物时，就用触手捕捉，并射出毒素麻痹猎物。食物由口进入腔肠，在那儿消化分解后，送到各部位，再形成食泡，进行细胞内消化。

腔肠动物

一般说来，腔肠动物有水螅型和水母型两种基本形态。这两种基本形态是世代交替形成的。而世代交替是适应水中生活方式的结果。

水螅型的肠腔动物适应水中固着生活，身体呈圆筒状，一端有用作固着的基盘，另一端是口，口周围有触手。而水母型的肠腔动物则适应水中漂浮生活，体呈圆盘状，其突出的一面称外伞，凹入的一面称下伞。下伞中央有一悬挂的垂管，管的末端是口，口进去是消化循环腔。

你知道吗

可怕的水母

　　水母虽然长相美丽温顺，其实十分凶猛。在伞状体的下面，那些细长的触手是它的消化器官，也是它的武器。在触手的上面布满了刺细胞，像毒丝一样，能够射出毒液，猎物被刺螫以后，会迅速麻痹而死。触手就将这些猎物紧紧抓住，缩回来，用伞状体下面的息肉吸住，每一个息肉都能够分泌出酵素，迅速将猎物体内的蛋白质分解。因为水母没有呼吸器官与循环系统，只有原始的消化器官，所以捕获的食物能立即在腔肠内消化吸收。

　　在蔚蓝色的海洋里，生活着许多美丽透明的水母，它们一个个像降落伞似的漂浮在大海里，婀娜多姿的外貌使人赞叹不已。水母是海洋中重要的大型浮游生物。其种类繁多，全世界大约有 250 种。如天蓝色的帆水母背部竖着一个透明的"帆"，借着海风和海浪，像一只小船在海中畅游；海月水母具有伞样的钟状体，浮在海面如同皓月坠入海中，十分美丽。水母虽然没有脊椎，但身体却非常庞大，主要靠水的浮力支撑其巨大的身体。

　　在烟波浩渺的海洋中，却有一年四季盛开不败的"海菊花"，它就是海葵。海葵有上千种，一般呈圆筒状，体色艳丽。它的基部附着在岩石、贝壳、沙砾或海底，其上端是圆形的盘，周围有几条到上千条菊瓣似的触手，它们在水中随波摇曳，一张一合，如花似锦。

　　珊瑚虫以海洋里细小的浮游生物为食，喜欢在水流快，温度高的暖海地区生活，我们见到的珊瑚就是无数珊瑚虫尸体腐烂以后，剩下的"骨骼"。珊瑚虫的子孙们一代一代地在它们祖先的"骨骼"上面繁殖后代。

珊瑚虫

2. 海洋棘皮动物

　　说到棘皮动物，有人或许会觉得比较陌生，其实棘皮动物是一种高级的无脊椎动物，它们的身体表面长有许多长短不一的棘状突起，身体构造呈辐射对称。棘皮动物全部都是海产，所以在陆地和淡水中绝对找不到它们的踪影。海星、海胆和海参都属于棘皮动物。

　　其实，棘皮的意思就是表皮犹如荆棘一般。名字的由来可能是大多数这类动物的外表皮都是由棘状的内骨骼支撑的。事实上，棘皮动物的骨骼非常有趣，它们的构造多为球形、梨形、瓶形、薄饼形，或星形的钙质壳，壳由许多骨板组成。壳上有口、肛门、水孔等，并有五条自口向外辐射对称排列的步带，步带之间为间步带。

　　水管系是棘皮动物所特有的，也是它们最重要的器官。它是由体腔的一部分——水腔演变而成的。无论移动、摄食、呼吸、感觉都靠它来完成。

　　海星是棘皮动物中的重要成员。五条腕的海星，形状很像五角星。海星捕食的方法十分奇特，且特别喜欢吃贝类。当海星用腕和管足把食物抓牢后，并不是送到嘴里"吃"，而是把胃从嘴里伸出来，包住食物进行消化，等食物消化后，再把胃缩回体内。海星还有一个绝招，就是分身术。若把海星撕成几块抛入海中，每一碎块会很快重新长出失去的部分，从而长成几个完整的新海星来。有的海星本领更大，只要有一截残臂就可以长出一个完整的新海星。

　　海胆，也叫刺锅子、海刺猬，

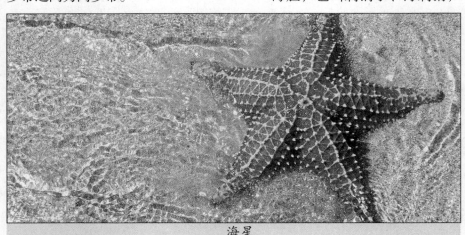

海星

它的体形呈圆球状，就像一个个带刺的紫色仙人球，因而得了个雅号——"海中刺客"。渔民常把它称为"海底树球""龙宫刺猬"。世界上现存的海胆有850多种，我国沿海有150多种。海胆的形状有球形、心形和饼形。它们生活在世界各海洋中。不同的海胆吃的东西也不一样。有的吃海藻和其他小动物，有的则吃沉积在海底的脏东西。这主要取决于它们所在的环境，因为它们移动起来比较困难。

3. 海洋甲壳动物

说到甲壳类动物，我们总会想到螃蟹、龙虾，没错，螃蟹和龙虾的确属于甲壳动物，但它们却只是其中的一小部分。今天让我们一起走进甲壳动物家族。甲壳类动物都有分节的身体，身体外面有硬壳。腿一般分节，而且左右成对。腿可以用来走路、游泳、捕食，上面还有鳃，用来呼吸。地球上的甲壳类动物大约有4万种，其中，海洋甲壳类动物占绝大部分，如藤壶、螃蟹、对虾、龙虾等。

藤壶体表有个坚硬的外壳，常被误认为是贝类，其实它是属甲壳纲的动物。虽然藤壶是甲壳类动物，但是它的成体却既不会游泳，也不会爬行，而是过着固着生活，它们

是一种附着在海边岩石上的一簇簇灰白色、有石灰质外壳的小动物。由于它的形状有点儿像马的牙齿，所以生活在海边的人们常叫它"马牙"。藤壶不但能附着在礁石上，还能附着在船体上，任凭风吹浪打也冲刷不掉。藤壶在每一次脱皮之后，就要分泌出一种黏性胶，这种胶含有多种生化成分和极强的黏合力，从而保证了它极强的吸附能力。藤壶分布特别广泛，几乎任何海域的潮间带至潮下带浅水区，都可以发现其踪迹。它们数量繁多，常密集地住在一起。

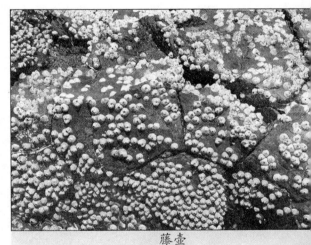

藤壶

螃蟹可是当之无愧的甲壳类动物。它的躯体由头部、胸部和腹部构成，头部常与胸部合称头胸部。螃蟹体外有一层外壳用以保护身体，它们大多数生活在水中，以鳃或皮

肤表面进行呼吸。螃蟹的腿除了爬行外，还有"辨味"的本领。生物学家曾将蟹放在一张有几处吸进了肉汁的纸上，当蟹腿碰到有肉汁的地方后，就立刻开始咬食。螃蟹一般都以腐殖质和低等小动物为食，因此是海滩上的"清洁工"。螃蟹通常在海边、河流或沙滩上活动。

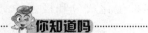

深海虾"兵"

虾可是游泳的能手，它能用腿长距离游泳。它游泳时那些游泳足像木桨一样频频整齐地向后划水，身体就徐徐向前驱动了。在神话中，虾经常充当"虾兵"的角色。但在第二次世界大战期间，它还真的当过一次"兵"。当时德军费尽心机研制了一种音响水雷，它只要听到敌人军舰的马达声，就可以自行引爆。但结果是水雷接二连三地爆炸，而同盟国却连一个小舢板也没碰伤。原来是一种鼓虾在两只大钳子快速合拢时发出的脆响引爆了水雷，德军的设计也因此白费了。

龙虾也是甲壳类动物的代表，它是现知虾类中最大的一类。龙虾体表被一层光滑的坚硬外壳，体色呈淡青色或淡红色。龙虾有四条脊突，居中的两条比较长且粗，从额角向后伸延；另两条较短小，从眼后棘向后延伸。龙虾喜欢栖息在水草、树枝、石隙等隐蔽物中。在正常条件下，它们喜欢隐藏在水中较深处或各种隐蔽物中。

4. 海洋哺乳动物

哺乳动物是长有毛发、呼吸空气的温血脊椎动物。所有的雌性哺乳动物都生有能产生乳汁哺养后代的乳腺。哺乳动物还有着能将空气压入肺泡中的隔膜和4个心室的心脏——以使血液循环高效地进行。哺乳动物牙齿的大小、形状是高度特化的，有着特殊的用途。

海洋哺乳动物是一个由各种各样的大型动物所组成的群体，它们都十分可爱、有趣，有些种类还十分聪明。在世界上，大约有4000种不同的哺乳动物生活在海洋中，其中一些如港海豹、宽吻海豚等，主要分布在大陆架、珊瑚礁或河口区等特定的区域，而驼背鲸、虎鲸等则可以环游全球。海洋哺乳动物可分为四个类型：完全生活在海洋里的鲸类、食素的海牛类、生有脚蹼的鳍足类及海獭。这四类哺乳动物的身体构造与陆地上的哺乳动物都有相同的特征，只是一些特殊的适应性使得它们能够在带水的环境里

驼背鲸

生存。

鲸类包括鲸鱼、海豚和鼠海豚。它们都有着流线型的外表、平展的尾巴和船桨状的鳍肢，这使得它们在水里行动迅速。皮下的脂肪层保护它们的身体与外界隔离，并且贮藏了大量的能量。它们的鼻子（喷水孔）位于头顶之上，以便它们一浮上水面就能自由地呼吸到新鲜空气。

海牛和儒艮是海牛目仅有的两类哺乳动物，分别属于海牛科和儒艮，这是陆地上大象的远亲。这些温顺、动作缓慢的素食者们没有背鳍或后肢，但它们装配有可通过肘部向前挪动的前肢和一条平展的尾巴。在水中，它们强有力的尾巴推动它们的身体前进，同时前肢像船桨一样掌控着前进的方向。

鳍足类包括海豹、海狮和海象。它们是生有蹼足的肉食性动物。虽在陆地上很笨拙，但在水里却是行动敏捷、带攻击性的捕食者。这类海洋哺乳动物通过毛发和皮下的脂肪层保暖。在潜水到深处时，它们会限制血液流入重要器官，且降低自己心跳的频率，每分钟只跳动数次，以减少氧气的消耗量。在繁殖期里，所有的鳍足类都从水里出来，来到陆地或者冰块上繁殖。

海獭几乎所有的时间都待在水里，除了暴风雨到来时，它们才来到滨海。与其他海洋哺乳动物相比，海獭的个头小得多了。虽然它们水下功夫好，但在陆地上依然笨拙。它们的后脚呈鳍状，带有完整的蹼，比前脚大。它们可以在体内处理掉来自海水的盐分，通过扩大的肾脏将过多的盐分排出体外。

海獭

5. 海洋爬行动物

能够生活在海洋环境里的爬行动物并不多见。事实上，在已知的6000种爬行动物中，仅仅只有1%（约60种）住在海里，这些类群包括蜥蜴类、鳄鱼类、龟类和蛇类。

每一类都和所有已知的爬行动物有着许多相同的解剖学结构：冷血、呼吸空气、有鳞片以及通过体内受精繁殖等等。然而，为了能够在海水中生活，这些海洋爬行动物也进化出一些特殊的适应性，陆地爬行动物没有这些适应性。

对龟来说，壳是它最独特的标志。轻质的流线型外壳构成了对内部重要器官的保护层。龟的肋骨与脊椎骨牢牢地连接着壳的内表面。壳的上半部分（即背甲）由粗糙坚硬的小块拼成，连接着下半部分的胸甲。海龟的腿可以从保护性的壳里面伸出来，它们的腿通过进化，变成了像短船桨般的样子，用来划水推动身体迅速前进，速度可达到每

小时 56 千米。但是，这些短腿却在陆地上行走缓慢，显得笨拙不堪。

绝大多数呼吸空气的脊椎动物不能直接饮用咸水。因为那样会造成脱水，还会对肾脏造成伤害。海水里含有的氯化钠和其他盐类的浓度，比血液和体液中的要高出 3 倍。许多海洋爬行动物能够饮用海水，那时因为它们的体内有一种特殊的腺体（盐腺）来排出过多的盐分。为了减少体液中盐分，这些腺体可以排出比海水浓度高 2 倍的高盐溶液。盐腺的工作效率很高，它处理、排泄盐分的速率比肾脏快 10 倍。盐腺一般位于头部，通常长在靠近眼睛的地方。

大约有 50 种海蛇栖息在海洋

海洋脊椎动物——鱼类

里。潜水时，海蛇可以通过关闭鼻膜和嘴巴周围的鳞片，将海水排斥在体外。它们平展的尾巴就像一把小船桨，轻松推动身体前进。海蛇的肺是一个拉长的强健的气囊，可以贮备氧气。此外，海蛇还可以通过皮肤摄入氧气。这些对海洋环境的适应性，使海蛇可在水下待上30分钟到两个小时。当然，这种本领也要付出相应的代价。由于海蛇通常需要游到水面上呼吸，所以它们要比陆地上生活的蛇类消耗更多的能量，新陈代谢的速度也更快。为了平衡它们高能量的消耗，海蛇需要比陆地上的蛇类摄入更多的食物。

鳄鱼通常生活于淡水环境，但也有一些种属生活在半咸水和咸水中。这些生活在咸水里的鳄鱼也进化出了能分泌盐分的盐腺。它们的尾巴平展，便于游泳，脚趾间生有蹼。咸水中生活的鳄鱼的喉咙后面，生有一个保护性的瓣膜，它们在水下张口进食时，这个结构可以防止海水灌进肺里。

藻类植物

藻类是低等的自养型植物，它是含有叶绿素和其他辅助色素的植

海底森林——红树林

物体。有单细胞、单细胞群体或多细胞等3种。藻类没有真正的根、茎、叶的区别，它只是一个简单的叶状体。藻体的各个部分都可以制造有机物，因此藻类也叫作叶状体植物。海藻是人类的巨大财富，也是海洋植物的主体，目前有100多种海洋藻类可以作为我们的食物。科学家们根据海藻的生活习性，进行了分类，主要分为浮游藻和底栖藻。

世界稀有的树种红树林海底森林，生长在海底、高低参差不齐，最高的有5米。落潮时从滩地露出，涨潮时落入大海，只有高一些的，微露梢头，随波摇摆，各种各样的鸟儿就在树梢歇脚。而有些鸟类，如斑鸠和苦对还长年在较高的树上筑巢安家。海底森林的树木共有五科六种。它们的根部很发达，绕来缠去，盘根错节，千姿百态，观赏价值很高。福建漳州沿海拥有680千米海岸线，红树林资源更为丰富。漳州市云霄县漳江出海口也有这样

沿海红树林

茂密的海底森林。

红树林是生长在热带、亚热带海岸及河口潮间带的森林植被，也是生长在海水中的森林。根系十分发达，矗立在滩涂之中。它们油光闪亮，具有革质的绿叶，与荷花的品质相似。一旦涨潮，它们会被海水淹没，仅露出绿色的树冠，像是一片绿伞撑起在海面上。潮水一旦退去，就又会成为一片茂密的森林。

受气候制约，红树林海岸主要分布于热带地区。非洲西海岸以及南美洲东西海岸和西印度群岛是西半球生长红树林的主要地带。而在东方，印尼的苏门答腊和马来半岛西海岸是其主要分布地方的中心。沿孟加拉湾—阿拉伯半岛至非洲东部沿海，都生长着大量的红树林。而在澳大利亚沿岸也分布着广泛的红树林。印尼—菲律宾—中印半岛一直到我国的广东、海南以及台湾和福建一带都有分布。且因受到黑潮暖流的影响，一直到日本九州都会有红树林的分布。

我国的海南省沿岸是红树林发育最好的地方，种类多而且面积也广。红树植物有10余种，灌木、乔木都有。称之为红树林，是因为其树皮及木材呈红褐色。红树的叶子不是红色，是绿色的。红树林在海岸形成了一道绿色的屏障，发育在

红树植物

潮滩上。这里是红树林抗风防浪，独特的海岸之地，很少会有其他植物在此立足。

高渗透压是红树的一个生理特征。由于渗透压高，红树可以从沼泽性盐渍土中吸取所需的水分及养料，这使得红树可以在潮滩盐土中生长。红树的根系分为支柱根、板状根和呼吸根。一棵红树可有30余条支柱根。这些支柱根从不同方向支撑着主干，使得红树风吹不倒，浪打不灭，如同支撑物体的三脚架结构一样。这样的红树林，可以有效地保护海岸。例如，1960年发生于美国佛罗里达的特大风暴，沿岸的红树有几千颗遭到了破坏，但是连根拔掉的很少。主要是红树被刮断或树皮被剥开。

红树植物有自己的呼吸根，可以进行呼吸。在沼泽化环境中，土壤中非常缺乏空气。红树植物在这种缺氧环境中想要生存，呼吸根必须很发达。呼吸根形状不同，有的纤细，其直径是0.5厘米，而有的却很粗壮，直径达10～20厘米。红树植物板状根由呼吸根发展而来，对红树植物的呼吸和支撑都非常有利。红树植物根系状况使得它在涨潮被水淹没时也可以继续生长。红树植物以如此复杂而又严密的结构与其的生长环境相适应。红树植物繁殖有一种被称为"胎生"的现象。红树植物的种子在母树上萌发，成熟后，因为重力作用幼苗会开始离开母树并下落，进入到泥土中，这就是很少见的"胎生"现象。人们更为吃惊的是，幼苗进入泥中，只需要几个钟头就可以很快地扎根生长。有时从母树落下的幼苗平卧于土上，也是可以长出根来的。而幼苗一旦落入水中，就会随海流飘动，若找不到它生长所需的土壤，可能会漂上几个月或者长达一年的时间。如果一旦遇到条件适宜的土壤就立即扎根生长。红树是一种不怕涝的植物，虽然它生长在水中，但它叶面的气孔下陷，革质的叶子也可以反光，在高温下可以减少蒸发，可以耐旱。它叶片上的排盐腺也有很大的作用，可排除海水中的盐分。除了胎萌以外，红树植物还拥有无性繁殖的能力。即使被砍掉以后，红树林也会在基茎上萌发出新的植株，并继续生长。

肥沃的草原：海洋植物

海洋植物是一种自养型生物，在海洋中利用叶绿素进行光合作用来生产有机物。海洋植物门类甚多，是海洋里的初级生产者，从低等的无真细胞核藻类到具有真细胞核的红藻门以及褐藻门、绿藻门，乃至高等的种子植物等，总共13个门类，约1万个品种。海洋植物主要是藻类。海洋藻类的生活样式、形态构造以及演化过程很复杂。它们主要在光合细菌和高等植物之间，对生物的起源和进化作用巨大。

海洋植物是海洋鱼、虾、海兽以及蟹、贝等动物的天然"牧场"，也是海洋世界的"肥沃草原"，是

海洋植物

人类的绿色食品，还是工厂工业原料以及农业肥料的提供者。另外，它还是制造海洋药物的重要原料。一些像巨藻的海藻还可作为能源的替代品。温度是海洋植物的生长要素，而光是海洋植物的能源，矿物质则成了海洋植物的营养料。

不可忽视的小东西：海洋微生物

海洋微生物是指以海洋水体为正常栖居环境的一切微生物。但由于学科传统及研究方法的不同，本文不介绍单细胞藻类，而只讨论细菌、真菌及噬菌体等狭义微生物学的对象。海洋细菌是海洋生态系统中的重要环节。作为分解者，它促进了物质循环；在海洋沉积成岩及海底成油成气过程中，都起了重要作用。但是，海洋细菌也会污损水工构筑物，在特定条件下其代谢产物如氨及硫化氢也会毒化养殖环境，从而造成养殖业的经济损失。但海洋微生物的颉颃作用可以消灭陆源致病菌，它的巨大分解潜能几乎可以净化各种类型的污染，它还可能提供新抗生素以及其他生物资源，因而随着研究技术的发展，海洋微生物日益受到重视。

与陆地相比，海洋环境以高盐、

高压、低温和稀营养为特征。海洋微生物长期适应复杂的海洋环境而生存，因而有其独有的特性。

1. 嗜盐性

嗜盐性是海洋微生物最普遍的特点。真正的海洋微生物的生长必需海水。海水中富含各种无机盐类和微量元素。钠为海洋微生物生长与代谢所必需。此外，钾、镁、钙、磷、硫或其他微量元素也是某些海洋微生物生长所必需的。

海洋微生物有嗜盐性

2. 嗜冷性

大约90％海洋环境的温度都在5℃以下，绝大多数海洋微生物的生长要求较低的温度，一般温度超过37℃，海洋微生物就会停止生长或死亡。那些能在0℃生长或其最适生长温度低于20℃的微生物称为嗜冷微生物。嗜冷菌主要分布于极地、深海或高纬度的海域中。其细胞膜构造具有适应低温的特点。那种严格依赖低温才能生存的嗜冷菌对热反应极为敏感，即使中温就足以阻碍其生长与代谢。

3. 嗜压性

海洋中静水压力因水深而异，水深每增加10米，静水压力递增1个标准大气压。海洋最深处的静水压力可超过1000大气压。深海水域是一个广阔的生态系统，约56％以上的海洋环境处在100~1100大气压的压力之中，嗜压性是深海微生物独有的特性。来源于浅海的微生物一般只能忍耐较低的压力，而深海的嗜压细菌则具有在高压环境下生长的能力，能在高压环境中保持其酶系统的稳定性。研究嗜压微生物的生理特性必须借助高压培养器来维持特定的压力。对于那种严格依赖高压而存活的深海嗜压细菌，由于研究手段的限制，迄今尚难于获得纯培养菌株。根据自动接种培养装置在深海实地实验获得的微生物生理活动资料判断，在深海底部微生物分解各种有机物质的过程是相当缓慢的。

4. 低营养性

海水中营养物质比较稀薄，部分海洋细菌要求在营养贫乏的培养基上生长。在一般营养较丰富的培

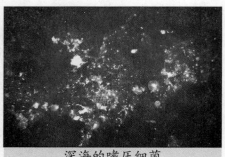

深海的嗜压细菌

养基上，有的细菌于第一次形成菌落后即迅速死亡，有的则根本不能形成菌落。这类海洋细菌在形成菌落过程中因其自身代谢产物积聚过多而中毒致死。这种现象说明常规的平板法并不是一种最理想的分离海洋微生物的方法。

5. 趋化性与附着生长

海水中的营养物质虽然稀薄，但海洋环境中各种固体表面或不同性质的界面上吸附积聚着较丰富的营养物。绝大多数海洋细菌都具有运动能力。其中某些细菌还具有沿着某种化合物浓度梯度移动的能力，这一特点称为趋化性。某些专门附着于海洋植物体表而生长的细菌称为植物附生细菌。海洋微生物附着在海洋中生物和非生物固体的表面，形成薄膜，为其他生物的附着造成条件，从而形成特定的附着生物区系。

6. 多形性

在显微镜下观察细菌形态时，有时在同一株细菌纯培养中可以同时观察到多种形态，如球形椭圆形、大小长短不一的杆状或各种不规则形态的细胞。这种多形现象在海洋革兰氏阴性杆菌中表现尤为普遍。这种特性看来是微生物长期适应复杂海洋环境的产物。

7. 发光性

在海洋细菌中只有少数几个属表现发光特性。发光细菌通常可从海水或鱼产品上分离。细菌发光现象对理化因子反应敏感，因此有人试图利用发光细菌作为检验水域污染状况的指示菌。

第三节
潜力无穷的新农业：海洋渔业

什么是渔业

　　渔业是指开发和利用水域，人工养殖与采集捕捞各种有经济价值的水生动植物以取得水产品的社会生产部门。它是广义农业的重要组成部分。另外，按水域渔业可分为海洋渔业和淡水渔业；按生产特性分为养殖业和捕捞业。

海洋养殖业

你知道吗

丰富的中国渔业资源

　　中国是世界上最大的海洋国家之一，临渤海、黄海、东海和南海四大海区，大陆海岸线长1.8万多千米，适于水深200米以内的捕捞。大陆架渔场面积约150万平方千米，大于全国耕地面积。浅海滩涂可供养殖的面积约2000万亩，若按低潮线下水深10米内及整个潮间带计算，超过1亿亩。内陆的江河、湖泊、水库、池塘等水域约2.5亿亩，可养殖水面7500万亩，还有大量的稻田具有养殖条件。

　　渔业生产的主要特点是以各种水域为基地，以具有再生性的水产经济动植物资源为对象，具有明显

的区域性和季节性，其初级产品具有鲜活、易变腐和商品性的特点。渔业是国民经济的一个重要部门，渔业资源丰富的蛋白质含量为世界提供总消费量的6%，动物性蛋白质消费量的24%，还可以为农业提供优质肥料，为畜牧业提供精饲料，为食品、医药、化工工业提供重要原料。

海洋渔业是海洋产业的重要内容之一，是捕捞和养殖海洋鱼类及其他海洋经济动植物以获取水产品的生产活动，包括海水养殖、海洋捕捞等活动。从生产海域来看，海洋渔业可分为沿岸渔业、浅海滩涂渔业、近海渔业、外海渔业和远洋渔业。

世界海洋渔业资源

1. 世界海洋渔业资源分布状况

世界海洋渔业的分布主要受两方面的因素影响：一是渔业资源多少；二是各地对渔业资源研究和利用的程度。渔业资源的多寡，主要由鱼类的主要食料——浮游生物的丰富程度决定。因此，海洋鱼类和渔场的分布是由不同海域浮游生物的多少决定的。

大陆架是浮游生物的世界，这里海水较浅，阳光透入好，水温较高，宜于浮游生物繁殖。大陆架逼近大陆，河流从陆地上带来了丰富的营养盐类滋养浮游生物。大洋底海洋生物遗体腐烂后也能分解出许多营养物质，这些营养物质在海水中的分布是不均匀的，其中下层最丰富。随着波浪、潮汐、海流等海水运动，或者是由于上下水温不同而形成的海水垂直运动造成水体混合，大陆架海域下边的营养盐类被翻到上层供浮游生物食用。因此，大陆架由于其海域营养丰富，浮游生物多，成为海洋鱼类云集之场所。世界海洋渔业产量的80%以上是在仅占海洋面积8%的大陆架水域捕获的。

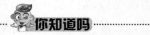

你知道吗

我国丰富的鱼类资源

鱼类资源也相当丰富，海水鱼类有1500多种，其中主要经济鱼类近百种。常见的水产品有

沿海渔场

海洋渔业资源受到海洋污染的威胁

带鱼、大黄鱼、鳗鱼、乌贼、鲐鱼、鲅鱼、对虾、毛虾、蛤、蚶、蛏等。淡水鱼类700多种，其中主要经济鱼类40～50种，常见的有青鱼、草鱼、鲢、鳙、鲤、鲫、鳊等。许多经济价值较高的水产品，在国际上颇有盛名，如对虾、海参、鲍鱼、扇贝、珍珠等。

寒暖流交汇的地方往往是海洋渔业资源丰富的海域。两股温度不同的海流相遇，海水温度有很大差别，必然造成表层海水与深层海水连续不停地垂直运动，使海底营养物质浮上来滋养浮游生物，因而也就吸引大批的鱼群游来。世界上几个大的渔场，都具备这样的自然条件。如世界最大的渔场是西北太平洋渔场、我国东部沿海渔场，特别是千岛寒流（日本称"亲潮"）和日本暖流（日本称"黑潮"）交汇处的日本北海道，占世界渔场面积的1/4；东北太平洋渔场有北太平洋暖流与阿留申寒流交汇；以纽芬兰为中心的西北大西洋渔场主要是拉布拉多寒流和墨西哥湾暖流汇合；以北海为中心的东北大西洋渔场，则是北大西洋暖流与北冰洋寒流的交汇处。

从纬度上看，上述几个大渔场

海上油船漏油事故

都处在中高纬度的温、寒带地区，热带水域渔业资源贫乏。这主要是因为寒、温带水域多风暴，风大浪大，加速了海水的垂直运动；同时，低温造成表层冷水下沉，引起海水上下混合，使下层营养盐类上翻，利于浮游生物及鱼类繁育；而热带海域表层水温高，又常处在无风或微风状态，海水很难发生垂直流动，表层缺乏营养物质和浮游生物，因此，渔业资源很少。只有在如秘鲁的低纬大陆西部沿海的某些海域，才有较丰富的渔业资源，这是因为秘鲁寒流沿秘鲁海域自南而北流过，在地转偏向力和盛行东南风的影响作用下，寒流表层的海水向西偏离

了海岸，促使近岸的深层海水上泛，从海底浮上丰富的营养盐类，利于鱼类生长。因此，秘鲁是世界海洋渔业产量较多的国家。秘鲁沿海也成为世界著名的渔场之一。

2. 世界海洋渔业资源利用现状

人类对海洋水质的污染，对渔业资源的肆意捕捞以及渔业行业本身所带有的一些弊端，诸如行业缺乏自律、竞争无序等，都构成了对海洋渔业资源的严重威胁，某些鱼种已经濒临枯竭，海洋渔业资源的可持续利用正在接受着严峻的考验。

（1）海洋水质受到严重污染。海洋污染是海洋渔业资源的主要威

胁之一。法国某科学家认为，近50年来，世界海洋的污染造成了成千种海洋生物无影无踪地消亡，特别是近几十年来，这个过程加速了。海洋空间如果继续污染下去，会给人类带来严重的后果，如果海洋死亡，人类便不复存在。

人类活动所产生的废弃物，受各种因素的影响，不管是扩散到大气中还是丢弃在陆地上或排入河流，最后都进入海洋。现在，大约1/3的人生活在距离海洋60千米以内的沿海地区，而据预测这一比例在21世纪内还将上升。随着城市居民的增加，靠近海滨的一些大中型城市大量的生活污水以及各种各样的化工厂、造纸厂等排放的污水、有害物质、有毒物质都排入河流，汇聚海洋。陆源性石油污染也日益严重。据不完全统计，由于人类活动而流入海洋的石油总量每年可达1000万吨。进入世界海洋的全部污染物中有75%的是来自陆地污染源，陆源性污染已经成为海洋污染的主要威胁之一。

近年来，海上油船漏油、沉船的事故常有发生，发生一次海上漏油、沉船事故后其破坏程度之深，影响面积之大，难以想象。海上石油污染越来越严重。前不久发生在西班牙附近海域的油轮沉船事故，不仅仅使得西班牙深受其害，也使法国受到影响。受污染海域范围内海生动植物大量死亡，渔民捕捞量

海洋渔场存在过度捕捞的现象

锐减，对海洋生态资源的破坏难以修复。此外海上石油钻井平台、海上输油、出油系统的漏油以及油船清洗排污、排放的压载水等都是重要的海上石油污染源。

在很长时间里，人们认为海洋强大的净化功能完全能够处理人类生产、生活所产生的垃圾，海洋被世界上大多数国家当成垃圾处理的场所。工业发达国家每年都向海洋倾倒各种各样的工业废料、生活垃圾以及一些放射性物质和各种各样的下水污泥，并在海上焚烧化学废物。全球每年向海洋的倾废量（包括工业废料和生活废料）多达200亿吨，其中不乏许多有害物质。

（2）海洋渔业资源遭到掠夺性开发。对鱼群来讲，人类的捕鱼活动是一种强加的死亡途径。因为它在一定程度上扰乱了海洋的生态系统，过度捕捞更是如此。海洋动植物深受捕猎和现代捕鱼方式之害，直接或间接的人类活动是海洋动植物组成改变的主要原因。据联合国粮食及农业组织的捕鱼技术负责人说，世界海洋渔业许多品种已被充分开发或过度开发，世界上有一半以上的主要渔场都存在过度捕捞的现象。世界生物多样性地图显示，海洋生物圈所承担的来自人类的压力不容忽视，而且正日益加重。由于开发、农业减产、废水污染和毁灭性的捕鱼作业引起了生物栖息地的毁坏，科学家们能够确认的各种毒藻的数量已经增至原来的3倍之多。保护海洋健康组织指出，10种商业鱼类中有7种捕捞量已达饱和或过度捕捞，更为严重的是这些鱼类的产卵区已被清理出来用作高尔夫球场、养虾池塘和海滨度假区。

丰富的渔业资源

1. 渔业资源的含义及分类

渔业资源又称水产资源，顾名思义，就是指渔业生产资料的自然来源，主要是指可供采捕的各种鱼、虾、蟹、贝、藻等水生动、植物，尤其是水生经济动物。

渔业资源是人类食物的重要来源之一，也是发展水产业的物质基础，按水域可分为内陆水域渔业资源和海洋渔业资源两大类。海洋渔

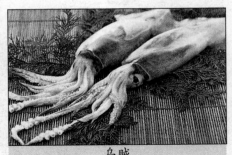

乌贼

业资源是目前人类所利用的最重要的渔业资源，海洋鱼类产量约占世界水产品总量的80％，其中海洋捕捞产量约占水产品总量的70％以上，占海洋鱼类产量的90％以上。

渔业资源按其类别不同可分为鱼类、甲壳类、软体类、藻类和哺乳类等，种类繁多，且各类群的数量相差很大。其中，全世界有2万多种鱼类。渔业资源中数量最大的类群，中国的记录约2800余种，但主要的捕捞鱼类全世界仅仅100多种。甲壳类主要指虾类和蟹类；软体动物主要包括贝类和头足类；头足类包括柔鱼类、枪乌贼类、墨鱼类和章鱼类；藻类包括海带、紫菜等等。

按所在水层不同，渔业资源可分为：

(1) 底层种类。主要栖息于底层，通常用拖网捕捞，主要包括鳕科和无须鳕科鱼类，产量约占全球海洋渔业产量的40％以上。

(2) 岩礁种类。栖息于岩礁区，主要采用钓捕，如石斑鱼。

(3) 大洋中上层鱼类。主要栖息于大陆斜坡和洋区透光层表层，如金枪鱼类等。

(4) 沿岸中上层种类。在大陆架海区栖息于中上层的种类都属于这一类型，主要为鲱科、鳀科、鲹科

渔业资源是一种可再生资源

和鲭科鱼类。

2. 渔业资源的特征

渔业资源是自然资源的一种，它是一种可更新的生物资源，并且大部分种类具有跨区域和大范围的流动性。它既不同于潮汐能、风能等不可耗竭的自然资源，又不同于矿物等能耗竭而不能再生的自然资源，因此渔业资源具有其所特有的属性和变化规律。深刻分析渔业资源的特性，对渔业资源的持续利用及科学管理有十分重要的意义，渔业资源除了自然资源所具有的有限和稀缺性这一共性之外，还具有以下特性：

(1) 再生性。渔业资源具有自行繁殖的能力，是一种可再生资源。通过种群的繁殖、发育和生长，资源不断更新，种群数量不断获得补

虾蟹资源

充，并通过一定的自我调节能力使种群的数量达到平衡。在环境适宜且人类开发合理的条件下，渔业资源可世代繁衍，持续为人类提供高质量的食物；但是，如果生长的环境条件遭到自然或人为破坏，或者遭到人类的粗渔滥捕，渔业资源自我更新能力的降低，生态平衡遭到破坏，将会导致渔业资源的衰退甚至枯竭。

(2) 洄游性或流动性。这是渔业资源区别于其他可再生生物资源的最显著特征。大多数鱼类和海洋哺乳动物都定时、定向，在一定区域里周期性地运动，如栖息在北半球的鱼类，其移动规律一般为春夏季从南向北，或从深海向浅海洄游；而在秋冬季，鱼类从北向南或从浅海向深海洄游。不少渔业资源种群在整个生命周期中，会在多个国家或地区管辖的水域内栖息，例如，幼鱼在某个国家专属经济区内发育生长，而成鱼洄游到另一个国家专属经济区或专属经济区以外的公海海域里生长。

(3) 共享性。渔业资源的洄游性和流动性不仅决定了渔业资源分布的广泛性和跨区域性，同时也决定它具有共享的特性。《联合国海洋法公约》将共享性渔业资源定义为："几个种群同时出现在两个或两个以上沿海国专属经济区，或出现在

专属经济区内又出现在专属经济区外的邻近区域内"的渔业资源，并进一步将它分为洄游性共享资源和超界共享资源。

(4) 多样性。渔业生物资源种类繁多，有鱼类资源、藻类资源、贝类资源和虾蟹资源等；按地理区域鱼类资源又可分为生活在热带、亚热带的暖水性种类、高纬度的冷水性种类和在中纬度地区生长与繁衍的温水性种类；从分布水层看，既有资源丰富的中上层鱼类，又有种类多样的底层鱼类；从洄游特性来分，有沿岸性较少移动的地方种、长距离洄游的近海和大洋种等。

(5) 波动性。受气象、水文环境、人为捕捞等因素的影响，渔业资源量波动性较大。水温、海流等因素的异常变化，会给渔业资源造成极大的危害，秘鲁鱼的产量剧降就是由厄尔尼诺现象造成的。渔业资源的波动性导致了捕捞生产和水产养殖等生产活动的不确定性和风险性。

(6) 地域差异性。不同的自然环境和外界因素使渔业资源表现出明显的地域差异性。不同地区的渔业资源的种类、数量、质量及组合特征等均有很大差别，海洋渔业资源的地区差异尤为突出。海洋渔业资源大致分为沿岸、近海、外海、深海等几个区域类型，不同的地域类型有着不同的水生生物资源。

海洋浮游生物

渔业资源如何寻

人造卫星用于渔业遥感

海洋渔业生产是人类最早的活动之一。过去渔民主要依靠世代传下来的经验，逐渐掌握了鱼的一些活动规律，根据海况，如水色、风向的季节不同和浮游生物的情况，判断鱼的出没，决定在哪儿下网。60年代初海洋拖网渔业受到普遍重视，对于拖网渔业来说，除了借助声学探测设备来掌握鱼群信息和发现可供捕捞的渔场外，还必须利用声学遥测仪器来测定水下拖网状态及进网鱼量。因此，要设计出能够保护幼鱼资源且能耗低的渔具，这种渔具对鱼群个体具有选择性，最大限度地减轻对渔业资源的破坏，这样才能最佳利用渔业资源。

装在飞机或卫星上的传感器用来测定与鱼群分布有关的海况，间接地发现鱼群，然后由无线电通讯与渔船联系，告知鱼群集中的海域位置。渔业遥感探鱼是一种综合的探鱼技术，其特点是探测范围大、速度快、信息量大。人造卫星渔业遥感得到的海况参数范围比飞机遥感更大、速度更快、信息量更大、受地理条件限制更少。据报道，卫星预报鱼群的位置，准确率超过80%。有的用低频大功率岸站声呐，探测几百千米范围内的鱼群。

你知道吗

发达的加拿大渔业

加拿大外接北冰洋、大西洋和太平洋，内拥五大湖，是世界上最主要的渔业国之一。加拿大拥有世界上最长的海岸线，长达24.4万千米，占全世界海岸线总长的25%。而世界最大的14个湖泊中，在加拿大就有4个，这使加拿大拥有75.5万多平方千米的淡水面积，占世界淡水总面积的16%。现在，加拿大渔业是世界最有价值的商业渔业之一，一年的渔业价值约为50亿加元，并为加拿大提供了12万多个就业机会。加拿大的捕鱼业主要聚集在3个广阔的地区——大西洋、太平洋和淡水区域，而日渐发展的养殖渔业也活跃在此。

激光技术目前也被用于发现和测量海洋鱼群。激光在渔业探鱼上的应用，冲破了以往渔业探鱼模式，使海洋探鱼技术向信息化、集约化、现代化方向发展。美国发明的机载激光探鱼仪，可在飞机航速每小时100千米时使用。激光束覆盖宽度为75米，每小时探鱼搜索海面面积为12平方千米，飞机与激光雷达结合，能搜索大面积海域的鱼况，每小时可测70平方千米海面，约等于20余条渔船用超声波探鱼的速度，但在可探测深度上目前还要试验。

美国国家海洋及大气管理局(NOAA)的科学家以激光技术进行试验，证明了激光在检测海水表层40米深范围内不同种类的鱼群方面是可靠的，这项试验用以检测激光作为一种常规的资源调查工具的可行性。

但上述的遥感探鱼都是用电磁波的方式，包括激光、红外、微波等，用它们能迅速得到整个地球表面的各种参数，包括海洋表层的参数，而要得到海洋深处的鱼群信息，只能用声波。它的传播衰减比电磁波小得多。

第四节　海洋生物资源的利用

 生物工程的新星：海洋工程

传说中的龙宫里，龙王把它的虾兵蟹将都调教成武艺高强的英雄。

在现实生活中，人们也把养殖的海洋生物培育得十分健壮，个头长得更快更大，不怕疾病和寄生虫的侵袭，耐热耐寒，营养更丰富。

生物工程在日新月异地发展。"种瓜得瓜，种豆得豆"，生物的

健壮的海洋生物

后代像它们的祖先，这就是遗传的规律。要想养好海洋水产品，就得选出优良品种。自然界中的生物良莠不齐，可以从中挑选质量最好、生命力最强的种。用杂交的办法可以培养出既像父亲又像母亲的新品种。陆地上驴父马母生出来的既不是驴也不是马，而是不能生育的骡子。这样杂交产生的后代不能继续繁殖，不能算新品种。海洋里很多动物是体外受精的，更容易杂交出新种。这些新种不像骡子那样不能繁殖，而是仍然可以传宗接代。

决定生物遗传的物质是细胞里的基因，就是 DNA（脱氧核糖核酸）构成的双螺旋形的链。别看这种链很小，用肉眼看不见，可是它却带着一切遗传因素的密码，不但决定后代的体形、成分、习性，还决定后代对疾病的抵抗力，甚至会带来

遗传病。基因像积木，是由一段段链连接成的，链有长有短。简单生物的链短，最短的只有 1 厘米长，复杂生物的链很长，像人的基因，有 175 厘米长。基因链可以拆开，也可以重新接上，重新组合。从两种生物细胞内取出基因，拆成零件，再把不同生物细胞中的零件接上，就能构成遗传性不同的继承两种生物优良特性的新生物，这种技术叫做基因工程。基因工程已经用到制造海洋生物新物种的研究中。连接基因的工作非常精密，要在显微镜下把细胞壁溶解开一个洞，细心地摘出基因中所需要的链上的环节，再把它重新组合、接上。接上后培养这种新构成的细胞，使它发育成新品种的生物。例如，把从繁殖能力和转化蛋白能力特别强的螺旋藻细胞中分离出来的藻胆蛋白基因转

鲑鱼

入海带和紫菜，培育出来的新海带和新紫菜就有螺旋藻的优越性能了。对鲍鱼实行 DNA 重组，可以使养殖产量提高 25%。从生长在寒冷海域的鱼的血清中分离出抗冻基因，转移到大西洋鲑鱼的细胞中，使这种鲑鱼更能抗冻。用微注射法把带有一种叫做 AFP 启动子的鲑鱼生长激素转入牙鲆的受精卵，培育出了转基因的牙鲆。

你知道吗

海洋植物生物研究的重大突破

随着海洋生物工程的不断发展，在改造海洋植物海藻类的研究中，有了重要的突破。海藻可分为大型海藻和微型海藻两类。在大型海藻方面，人们已成功地从紫菜和海带中分离出原生质，进行了培养和细胞融合技术的研究。同时，人们还发现大型海藻类的质粒，这为开发藻类基因工程奠定了基础。另外，人们还进行核酸分子杂交和序列测定，并广泛用来研究藻类的系统发生、亲缘关系和地理分布等。

生物工程中还有细胞工程、发酵工程和酶工程。有性生殖的父母体的基因不一样，有时会把某些在父母体内是隐性的不健康的因素遗

传下去。如果选出优良品种，不经过有性生殖，就可以避免这个问题了。用秋水仙素溶液浸泡生物，能使生物细胞内的染色体加倍，变成优良基因纯合的二倍体生物。同样，还可以处理成三倍体、多倍体生物。这些多倍体生物品种比靠有性生殖繁衍的种更有遗传的优势。这种做法就叫做细胞工程。大家都从新闻中知道，英国科学家利用细胞工程的技术培养出一头克隆羊，引起发达国家舆论大哗，担心世界上出现一个像希特勒一样主张种族主义的暴君或者利用这种技术克隆出一大批暴君。当然这种担心可能是多余的，遗传因子相同的人在不同的社会环境里成长，形成的道德品质是不会一样的，何况克隆技术并不可能复制出完全一样的人，克隆技术应用到人类还是很困难的。所谓克隆技术就是利用细胞无性生殖的技术，应用这种技术不但可以培养良种，还能研制药品，利用生物体制造人造器官，比如让猪长出人能接受的肾，是造福于人类的新技术，完全不应该害怕，而应该往正确的方向发展它。在海洋养殖中，已经培育出裙带菜单克隆无性繁殖系，用于培育幼苗。在海洋动物方面，已经完成了皱纹盘鲍、牡蛎的多倍体诱导，形成了优良品种，并已经

通过小规模生产养殖得到证实。用这种方法也成功地培育了三倍体的对虾新种，抗病的本领特别强。我国还在继续进行海洋动物多倍体的研究。

在海洋生物工程中，发酵工程和酶工程也是很重要的方面。用酶解紫菜单细胞的技术已应用于生产中的采苗。用基因重组技术把鱼的生长激素转到繁殖很快的大肠杆菌中并通过大肠杆菌表达出来，再用发酵工程使细菌大量增殖，可以生产出能促进鱼类生长的饲料添加剂。用虾类甲壳提取虾青素，把它加到饲料中，也可以使鲑鱼提高产量，并使鲑鱼的肉质得到改善。

用发酵工程还可以培养出各种有特殊本事的细菌。这些小精灵武艺高强，可以在不同的领域大显身手。有一种细菌特别喜欢吃石油，用石油里的碳氢化合物构成它的细胞质。当海面被溢出的原油污染时，把这种细菌洒在海面上，它就会把石油当作美餐，吃得一干二净。而这种细菌本身没有毒，可成为浮游动物的食物。最后海面油污消除干净了，浮游生物也喂肥了。另一种细菌与石油碰到一起时，产生有机酸、气体和表面活性剂，使高含蜡、高含沥青的原油变软、变稀，容易开采，可使油井产量增加20%以上。

皱纹盘鲍

我国海洋石油中这类高稠性原油占的百分比很可观，如果推广使用这种细菌，效益将是巨大的。还有的细菌和海洋生物脾气更怪，它们竟能把海水里含量十分微小的金属元素或有毒物质富集在它体内。人们可以用生物工程培养这些细菌、生物，让它们从海水中为人类提取有用的金属元素，或者让它们当清洁工，把有毒的污染物从海水中除去。

紧随健康的脚步：海洋药物的开发

海洋约占地球表面积的70.8%，它与陆地共同承载着全球人口的重负。是人类的生命之源，人类物质资源都聚集在她的胸怀里。

海洋是我们药物开发的最佳资源

它有 20 多万种较低等的海洋生物物种，海生植物也有 2.5 万余种，是陆地上的 5 ~ 10 倍；海洋动物种数相当于陆地动物种数的 3/5；而且海洋微生物品种也很多，之前，科学家经过研究发现一些地方。在平均每 0.09 平方米的海泥上就可以找到十多种新生物。海水中有近 80 种溶存的元素，陆地上稀缺的就有 17 种之多。所以，海洋是一个宝库，也是我们药物开发的最佳资源。

1. 海洋药物发展现状

（1）传统海洋药物。海洋药业在不断地发展，现代海洋药物发展令人欣喜，而传统海洋药物中，至今还有些种类十分活跃，药典当中也有收载。《中华人民共和国药典》收载了瓦楞子、海藻、石决明、昆布以及牡蛎、海龙、海马和海螵蛸等 10 余个品种。另外像玳瑁、海浮石、海狗肾、鱼脑石和紫贝齿及蛤壳等也被收载。

（2）现代海洋药物。我国目前已确定的沿海药用生物有 1000 余种，也是应用海洋湖沼药物最早的国家之一。而我国现代海洋药物研究开始的却并不早，1978 年 3 月全国科技大会上，国家科委、卫生部采纳关美君研究员"向海洋要药"的提案之后才逐渐开始。

目前我国正式批准生产的中成药品种数量多，发展到了超过 40 个剂型，其中海洋药物参加组方的要高于 700 味，湖沼药物不少于 1000 味。所以，我国的海洋药物已成为一门独立的新兴学科，推动着海洋经济发展鼎盛时期的到来。

（3）扩大药物来源。加快和扩大药物的来源变得非常重要。我国海产养殖发展得很快，50 年来，许

海洋药用生物

多种海洋药用生物养殖成功，有的甚至开始了大面积的人工生产和工业化生产，不再是以前的完全依附于自然。所以扩大药物来源的重要途径之一就是加快海洋药用资源的养殖。

海带可以药食两用，我国的海带生产技术成熟，养殖也普遍，所以产量居世界第一。而像牡蛎、珍珠、海参、海胆、鲨和巨藻等海洋药用生物有也已实现人工养殖。

（4）海洋药物研究特点。近年来，海洋药物研究不断致力于新药和新产品的开发。目前我国已经研制开发并投入生产了许多海洋新药，而且取得了很好的经济效益和社会效益。

 **你知道吗**

海马养殖

海马由于其药用价值很高，所以需求量很大，过去一向靠捕捞获取，药用难以保障，屡屡出现货源吃紧的情况。经过多年研究，掌握了海马的繁育技术，目前我国广东、山东、浙江等地已先后建立起海马人工饲养场，已经能够提供一定的货源。

（5）海洋药物功效。有许多活性物质富含在海洋药物中，我国就

有数十种。例如，从分离刺参体壁得到的刺参甙和酸性粘多糖等。我国产的许多海藻具有抗肿瘤作用，例如石莼、鹿角菜、肠浒苔、海黍子、萱藻及刺松藻等；而抗癌物质在海贝类及棘皮动物中也有。

鲨鱼油、蛤素和海藻多糖等可以被用于医治心血管疾病；一些浒苔属的北极礁膜、鼠尾藻以及酸藻和钝顶凹藻等都具有这个作用；前列腺素及其衍生物也是抗癌活性物质，主要从柳珊瑚及海藻等生物中发现的。

社会发展越来越快，人们的生活水平也在提高，生活节奏的加快使人们开始关注健康问题。海洋保健食品的开发也越来越火，仅海藻类食品就有 30 多种。而我国沿海民间历来喜欢自制茶饮和冻粉以及冻胶等食品，它们可以被用来清热解暑以及消食、解毒等，而且还可以消除疲劳。

2. 研究应用方向

（1）抗心血管疾病的药物。如今，医学界已经研究出了多种可供预防和治疗心血管疾病的药物，如萜类、多糖类……它们都可以抑制血栓形成和扩张血管。同时，医学家还发现其他一些海洋生物毒素，它们不仅强心，而且能降压，其中，

海藻类食品——海带

研究最多的是河豚毒素的抗心律失常作用。

除此之外，还有很多不饱和脂肪酸、肽类和核苷类等物质。螺旋藻类可以很好地预防和辅助治疗高血脂和动脉粥样硬化。

（2）抗菌、抗病毒。在海洋中有很多微生物与动植物共同生存。事实上，这些微生物是一种丰富的抗菌资源，通过研究发现海洋微生物具有抗菌活性。到目前为止，从海洋生物中已分离出多种具有抗菌活性的化合物，如脂肪酸类、丙烯酸类、苯酚类、吲哚类……另外，我国开发出了多种海洋抗菌药物，如系列头孢菌素。

另外，还有一些被分离出的并在市面上出现的具有抗病毒活性的化合物，如萜类、核苷类、生物碱类、多糖类、杂环类……

（3）免疫调节。海洋具有免疫调节剂。例如，具有免疫调节活性的角叉藻聚糖，是来自大型海藻的硫酸化多糖的一大类成分，它被广泛用于肾移植的免疫抑制剂和细胞应答的修饰剂，效果很好。

（4）抗肿瘤药物。到目前为止，人们对很多癌症都无能为力，所以一直在探索如何治疗癌症。当然研究抗癌药物是大势所趋，然而，要想找到治疗癌症的根源还是要寄希望于海洋。因此，海洋研究的主要

方面一直都是抗肿瘤活性物质。

如今，在海洋生物中已经提取了很多带有抗肿瘤活性的物质，如核苷酸类、酰胺类、聚醚类、大环内酯类等化合物，其中阿糖胞苷等已经被做成药物。当然，这项研究并不会终止，它会一直持续下去。

（5）消炎镇痛。从海洋天然产物中分离得到的最引人注目的活性成分是 manoalide，因为它可以用作磷酸酯酶 A2 抑制剂，在很久之前已经被作为抗炎剂使用于临床上。

（6）消化系统类。与西咪替丁相比，从海盘车中提取的海星皂苷和总皂苷对胃溃疡的愈合作用更好；壳聚糖衍生物对胃溃疡的疗效非常好，已进入临床试验。正因为如此，国内很多药厂配合中药制成的海洋胃药受到了消费者的喜爱。

（7）泌尿系统类。由于褐藻多糖硫酸酯具有多种作用，如抗凝血、降血脂、防血栓、抗肿瘤及改善微循环、抑制白细胞……所以，在临床上，它被用于治疗心脏、肾血管病，特别有利于改善肾功能、提高肾脏对肌酐的清除率。它最初是用于慢性肾衰及尿毒症的治疗，不仅有明显疗效，而且没有毒副作用，按国家二类新药，它已经获准进入临床研究。

（8）加强传统海洋中成药和中

药材的利用。由于人类对海洋生物资源不合理的利用，所以其不能满足日益增长的需要，因此增加药源是非常必要的。要想做到这一点就应当有计划地开发海洋传统养殖业，扩大养殖品种，这样不仅可以制成海洋中成药系列产品，方便人类，而且还能推动海洋养殖业的发展和繁荣。

所以，在医学发展过程中，应当以海洋药用资源与中药资源的优势相结合，发现那些确有疗效的民间单方、验方、秘方，配以海洋药源，加强科学组方，最终制成新剂型方便人类。当然这个过程是漫长的，也是需要耗费大量人力、物力和财

海洋具有免疫调节剂

褐藻

力的。

（9）重新开发功能性食品。正所谓"药补不如食补"，所以应尽量把海洋生物中的活性成分，制成海洋功能食品，这不仅能治疗人的疾病，而且还能有好的经济效益。

当然，活性物质有许多，如甲壳素及其衍生物、鱼油保健品、海藻保健品、浓缩水解蛋白、牛磺酸、维生素、磷脂质、活性多糖、膳食纤维、矿物元素……

 学以致用：
海洋生物的仿生学

海洋生物，它们是一群自然的使者，带给人们丰富的想象和大胆的设计。它们经过海洋数亿年的精

雕细琢，锤炼出了适应海洋生活的奇妙无比的技能。它们各自有独特的本领来适应这特定的环境，它们是人类的良师益友，因为它们启发了我们。

充分利用海洋仿生学的研究成果，将大大加快人类科技产业进步和社会发展的历史进程。通过探索它们的奥秘，完全可能也必然会为发展更加先进的技术提供不尽的源泉。这在远古时代就已经有所体现了。

1. 早期模仿

早在远古时代，人们就已开始模仿生物了。舟船、舵和桨，就是古人依照鱼的形状以及鱼尾和鱼鳍发明出来的；就连人们的游泳术也是向海洋生物学来的，至今人们不是还习惯地使用"蛙泳""豚泳"吗？当然这还只是简单的模仿学习，算不上是仿生学的研究。只有在今天这样的科学技术高度发展的时代，我们才有可能真正掌握生物的"秘方"，进而变为发展新技术的"良策"。

2. 真正的启示

蛤壳使人类得到建筑巨大薄壳房顶的启示；乌贼启发了喷水拖船的制造；鲨眼促成了"鲨眼电子模型"的诞生，从而使人们可以通过

舟船是依照鱼的形状发明出来的

加工各种照片来获得清晰的图像；依据海豚的体形、皮肤结构等特点，设计出的潜艇、鱼雷和小型船只的水下部分，可减少20%～50%的阻力等。

 你知道吗

箭鱼的启示

箭鱼的箭状长吻是箭鱼攻击和捕食的主要武器，它飞出海面爆发力极强，经常冲出海面以剑状上颌攻击大型鲸类和鱼类，也曾攻击过船只，致使船沉没。在国外某沿海博物馆里，尚陈列着一块小船的木板，里面有折断的箭鱼的颌骨。现在，设计师仿照箭鱼外形，在飞机前安装一根长"针"，这根长"针"刺破了高速前进中产生的"音障"，超音速飞机就此问世。高速飞机的出现，也是仿生学的一大成功。

另外，人类的仿生研究和开发的重要课题，还包括海洋动物对海水的淡化能力，生物光、生物富集的能力，潜水、通信、定位和导航的能力。

3. 仿生学的未来

仿生学是一门年轻的科学，也是一门古老的科学，说它年轻，是

因为它集中、系统的研究只有短短数十年的历史，说它古老是因为古人早就开始了这方面的模仿，然而，尽管还年轻，它已展示出了强大的生命力，做出了许多很有价值的贡献。可以预测，随着人类科学技术的发展，它的前途将是无量的。

生物的进化已有35亿年以上的悠久历史，使海洋成为地球上生命的摇篮，它的广阔，它的深远，为人们提供了无穷的奥秘，等待着人类用智慧去发现，去揭示。

有人预言，21世纪将是生物科学的世纪，将是生物科学与其他科学技术密切融合、相互渗透和促进的时代，因此从人类已有的自然科学历史及其已有的成果来看，从自然科学发展应用趋势上来看，生物科学与技术科学的结合是不可避免的。它不仅能促进生命科学的发展，而且还给科学技术的发展提供一把万能的钥匙，使生物的种种奥妙无穷的机能或规律成为人类科学技术的宝库。在这方面，仿生学，特别是海洋仿生学将扮演一个十分重要、突出的角色。

第二章
天然油库：油气资源

　　海洋是石油和天然气的另一个聚宝盆。近 40 多年来，海上石油勘探工作查明海底蕴藏着丰富的石油和天然气资源。目前，海上油气田总数已超过 500 个。波斯湾、马拉开波湖、北海成为海底石油开采产区的"三巨头"。仅波斯湾和马拉开波湖的石油储量就占海底石油总储量的 70%。现在，海底的油气资源已经成为现代工业的"血液"和"氧气"。

第一节　海洋的
"血液"和"氧气"：油气资源

 什么是油气

油气资源也就是石油。最早提出"石油"一词的是公元977年中国北宋编著的《太平广记》。正式命名为"石油"是根据中国北宋杰出的科学家沈括（1031~1095）在所著《梦溪笔谈》中根据这种油"生于水际砂石，与泉水相杂，惘惘而出"而命名的。在"石油"一词出现之前，国外称石油为"魔鬼的汗珠""发光的水"等，中国称"石脂水""猛火油""石漆"等。

海上油气资源丰富

人们所说的石油到底是什么？1983 年第 11 届世界石油大会上，对石油给出了较为明确的定义。

广义的石油是指储存在地下岩石孔隙介质中的可燃有机矿产，其相态有气态、液态、固态及其混合物，主要成分为烃类（碳氢化合物），其分子结构有链状和环状，链状分子结构的碳氢化合物成为烷烃，环状分子结构的碳氢化合物成为环烷烃或芳香烃。广义的石油包括原油、天然气，狭义石油指的是原油。

硫醇

1. 原油

原油是指石油的基本类型，储存在地下储集层内，在常压条件下呈液态。其中也包括一小部分液态的非烃类组分。原油的化学元素主要是碳、氢、氧、氮、硫，其中碳和氢所占的比例最高，含碳 84% ~ 87%，含氢 12% ~ 14%，剩下的 1% ~ 2% 为氧、氮、硫、磷、钒等元素。这些元素大多数以化合物的形态出现。我们可以把石油中名目繁多的化合物分成两大类：一类是由碳、氢元素组成的化合物，即通常称为烃类的化合物，如链烷烃、环烷烃、芳香烃，这是原油的主要成分；另一类是含氧、氮、硫的非烃化合物，如含氧的酚、醛、酮，含氮的叶琳，含硫的硫醇、噻吩等。

2. 天然气

天然气也是石油的主要类型，呈气相，或处于地下储集层条件时溶解在原油内，在常温和常压条件下又呈气态。其中也包括一些非烃组分。广义上来说，天然气除了以碳氢化合物组成的可燃气体外，凡经地下产出的任何气体都可称为天然气，如二氧化碳气、硫化氢气等。

我国习惯上把天然气分为气层气、伴生气和凝析气三种。

气层气也称气田气。它是指在地层中呈气态单独存在，采出地面后仍为气态的天然气。例如，我国四川庙高寺等地、陕甘宁盆地中部

047

的天然气均属于气层气。气层气的甲烷含量一般在90%以上，其他组分为乙烷、丙烷以及二氧化碳、氮、硫化氢和稀有气体（氦、氩、氖等）。

丁烷气喷火枪

伴生气也称油田气。它是指在地层中溶解在原油中，或者呈气态与原油共存，随原油同时被采出的天然气。例如，我国大庆、胜利等油田所产的天然气中大部分是伴生气。华北油田向北京输送的天然气中，也有一部分是经过净化处理的伴生气。伴生气中甲烷含量一般占65%～80%，还有相当数量的乙烷、丙烷、丁烷甚至更重的烃类。

凝析气是指在地层中的原始条件下呈气态存在，在开采过程中由于压力降低会凝结出一些液体烃类（通常叫作凝析油）的天然气。例如，我国新疆柯克亚的天然气就属于凝析气。华北油田向北京输送的天然气中，除前边提到的伴生气外，还有相当一部分是经过净化处理的凝析气。凝析气的组成大致和伴生气相似，但是它的戊烷、己烷以及更重的烃类含量比伴生气要多，一般经分离后可以得到天然汽油甚至轻柴油产品。

3. 天然气液

天然气液是天然气的一部分，从分离器内、天然气处理装置内呈液态回收而得到。天然气液包括（但不限于）甲烷、乙烷、丙烷、天然气汽油和凝析油等，也可能包含少量非烃类。

凝析油是指凝析气田天然气凝析出来的液相组分，又称天然气油。其主要成分是C5至C8烃类的混合物，并含有少量的大于C8的烃类以及二氧化硫、噻吩类、硫醇类、硫醚类和多硫化物等杂质，其馏分多在20～200℃。

天然气液燃烧时的火焰

自身特色：
油气的性质

根据上述定义，常说的石油仅是指原油。原油在化学上不是一种纯一物质，所以物理性质变化较大。在不同的地方或者同一地方不同含油层位的石油，其成分和性质都有差异。石油的性质因产地而异。

1. 原油的性质

在正常条件下，石油是一种呈棕黑、棕黄、深褐或深绿色的黏稠液体，可点燃。单位重量的石油燃烧时放出的热量比煤高出近一倍。比重在 0.75 ~ 1.0 克/立方厘米之间，带特有的臭味，黏度范围很宽，沸点和凝固点不固定。凝固点差别很大（30℃ ~ –60℃），沸点范围为常温到 500℃以上，可溶于多种有机溶剂，不溶于水，但可与水形成乳状液。

组成石油的化学元素主要是碳（83% ~87%）、氢（11% ~14%），其余为硫（0.06% ~0.8%）、氮（0.02% ~ 1.7%）、氧（0.08% ~1.82%）及微量金属元素（镍、钒、铁等）。由碳和氢化合形成的烃类构成石油的主要组成部分，占 95% ~99%，含硫、氧、氮的化合物对石油产品加工有害，在石油加工中应尽量除去，或力求综合利用。

其中，碳氢化合物主要有烷烃、环烷烃、芳香烃三类。通常以烷烃为主的石油称为石蜡基石油；以环烷烃、芳香烃为主的称环烷基石油；介于二者之间的称中间基石油。我国主要原油的特点是含蜡较多，凝固点高，硫含量低，镍、氮含量中等，钒含量极少。除个别油田外，原油中汽油馏分较少，渣油占 1/3。

组成不同的石油，加工方法有差别，产品的性能也不同，应当物尽其用。大庆原油的主要特点是含蜡量高、凝点高、硫含量低，属低

原油

大庆油田的风光

硫石蜡基原油。

2. 天然气的性质

天然气是以气态碳氢化合物为主的混合物,其中包含甲烷和乙烷、丙烷和丁烷等,以及少量的二氧化碳、一氧化碳、氮气、氢气等。天然气一般无色无臭,可以燃烧,是重要的能源和化工原料。

按天然气的成分特征,把天然气分为干气和湿气。一般来说,天然气中甲烷含量在90%以上的称为干气。甲烷含量低于90%,而乙烷、丙烷等烷烃的含量在10%以上的称为湿气。

天然气不同于石油液化气。天然气是指蕴藏在地层内的可燃性气体,主要是低分子烷烃的混合物,可分为干气天然气和湿气天然气两种。干气成分主要是甲烷,湿气除含大量甲烷外,还含有较多的乙烷、丙烷和丁烷等。液化石油气是指在炼油厂生产,特别是催化裂化、热裂化、焦化时所产生的气体,经压缩、分离而得到的混合烃,主要成分是丙烷、丙烯、丁烷、丁烯等。

谁最先发现石油

苏联一些学者认为,1848年在里海沿岸的比比埃巴特钻凿的油井是世界第一口油井。

罗马尼亚人则认为,1857年在

布加勒斯特以北50千米的普洛耶什蒂钻凿的油井，是世界最早的油井，当年出油257吨。

你知道吗

到底是谁最先发现了石油

按照中国一些当代著作的说法，最早发现和记载石油的是中国人。一些人认定，《易经》中"泽中有火""上火下泽"，指的就是石油自燃现象，如果此说成立，至少3000年前中国人就发现和记载了石油。但在国外，有相当多的人对"中国发现石油说"不以为然。一些人认为最早发现和记载石油的是古代阿塞拜疆人，还有人认为是两河流域的苏美尔人，公元前2500左右，他们就用沥青进行雕刻，还用沥青和砖混合，建造神庙和宫殿。还有一些人认为是印度河流域、今天巴基斯坦境内的达罗毗荼人，他们在公元前4000年左右用沥青建造的一个浴室，已被考古学家发掘。

美国人宣布：C.E.狄拉克于1859年在宾夕法尼亚州西北部泰塔斯威尔附近所钻凿的井（深度为21.7米）为世界第一口油井，由此开始了世界近代石油工业。

由上所见，世界上有多所钻凿第一口油井，作为近代石油工业的开始。在中国，早在2000多年前的西汉时期就发现了石油的可燃性。

据《博物记》记载，在甘肃酒泉郡延寿县"石出泉水……燃之极明"。即利用石油作照明。又据宋朝陆游说："出延安，其坚如石，照席极明，亦有泪如蜡，而浓烟，能薰汗帷幕衣服。"而后元代、明代都有相继报道。如《新增格古要论》记载："石脑油出陕西延安府……此油出石岩下水中，作气息，以草拖引煎过，用以点灯。"可知，早在500年前从石油中提炼灯油的技术，已被我们的祖先发明。由此可知，中国的甘肃、陕北一带，从古代就已认识和利用石油了。

追溯我国钻井发展历史，早在2200年前，根据《华阳国志》的记载，我们的祖先已开始钻井了。宋代开始，发展了小口井钻井技术，自1040年以来，就能钻碗口大小的小口井。这在我国钻井史上是一次

我国古代就已认识和利用石油了

重大发展。

明正德 (1506~1521 年) 末年，在四川嘉州 (今乐山) 钻凿成一口石油竖井，深达百米，开创了我国钻井取油的新时代。如以此为比较，我国的油井，早于苏联 327 年。

以上说明，我国钻凿的油井，特别是气井比苏联、美国等国都早得多。

明朝以后，清光绪三十二年 (1906 年)，在陕西省设立延长官油所，购置日本机器，于 1907 年 7 月打出了第一口油井，此井钻深 75.3 米，每日可得原油近 200 千克。这是中国大陆上机械井采油的开端。

1938 年，国民党政府资源委员会下设甘肃油矿筹备处，于次年 5 月在老君庙钻第一口井，在井深 130 米钻遇油层，日产油 20 余桶，发现了老君庙油田。随之于 1940~1941 年钻油井多口，并见猛烈井喷，证明是有开采价值之油田。因此，有人提出，1939 年发现玉门老君庙油田应当成为我国建立近代石油工业的基础。

大显神威：
石油和天然气的用途

石油和天然气是宝贵的燃料和化工原料。人类对石油和天然气的开采和利用已经有很久的历史。早期对石油的利用只是从中提炼煤油、润滑油等一般产品，许多重要的成分被弃之不用。随着科学技术的发展，对石油和天然气的加工逐步深入，才使各种成分得到综合利用。目前石油制成品主要的有三大类，即燃料、工业油脂以及有机化工原料。

石油是宝贵的燃料和化工原料

1. 燃料

汽油、柴油和煤油等现代化工业的动力燃料，是目前从石油中提炼的最大宗产品。相等重量的石油的发热量相当于煤的 2 倍，因此石油制成的燃料应用广泛，消耗量也很大。绝大部分现代化的交通工具，甚至一些探索太空的火箭都使用石油制成的燃料。在电力行业，石油也是最重要的燃料。1995 年，石油和天然气在能源消费结构中所占的比例为 62.8 %，在很大的程度上，石油天然气的供应状况决定了现代

工业的发展速度。今后，在世界范围内，作为燃料消耗的实用化天然气可能会有少许的下降，但在我国，石油天然气的比例将从目前的1/3左右逐步上升。

你知道吗

丰富的海底油气资源

据美国石油地质学家估计，全世界含油气远景的海洋沉积盆地约7800万平方千米，大体与陆地相当。世界水深300米以内海底潜在的石油、天然气总储量为2356亿吨。世界近海海底已探明的石油可采储量为220亿吨，天然气储量17万亿立方米（1979年），分别占世界储量的24%和23%。主要分布于浅海陆架区，如波斯湾、委内瑞拉湾与马拉开波湖及帕里亚湾、北海、墨西哥湾及西非沿岸浅海区。大陆坡与大陆隆也具有良好的油气远景。

2. 工业油脂

如从石油中提炼出的润滑油，是各种机械、某些仪表运转必不可少的润滑剂，在一些现代科学技术领域中所需要的耐高温、高压、高真空以及耐低温、耐辐射等特殊性能的润滑剂和密封材料也大多从石油中提炼。

3. 化工材料

石油化工产品品种非常多。以美国为例，由石油提供的有机化工原料占全部有机化工原料的90%以上。综合利用石油和天然气，可以得到许多重要的有机化工原料，其中有所谓"三烯"，即乙烯、聚乙烯和丙烯，"三苯"即苯、甲苯和三甲苯，以及乙炔等。用这些原料可以制成合成纤维、合成橡胶、塑料、合成氨、染料、炸药、石蜡等多种产品。在生活当中，传统的动植物纤维在相当的程度上被石油合成纤维所取代，人们日常生活中常用的化妆品中也少不了从石油中提取的成分。现在，从石油天然气中取得的产品总计可达几千种，而且这些制品的种类还在增加。

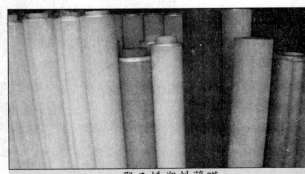

聚乙烯塑料薄膜

4. 其他用途

在建筑业方面，从石油中提取

的沥青可以用作筑路材料、填料、密封材料等；在农业方面，油气资源不仅能够为生产提供能源，还能提供地膜、各种化学肥料、植物生长促进剂、家畜家禽肥壮剂和各种农药等必不可少的生产资料。在目前的科研水平下，石油经过微生物的发酵，甚至可以合成蛋白质，因此石油的用途在将来还将进一步扩大。

由于石油产品用途广泛，加上石油化工产值高、利润大、石油制成品价格低廉等特点，现代社会对石油的需求有增无减，石油工业和与其相关的工业部门，包括石油天然气的开采、炼油、石化和火力发电产业等已经发展成为现代工业的主体。石油、天然气的运输量在海运总量中也占到40%左右。英国石油专家彼德·R.奥德尔曾经说过："无论按照什么标准衡量，石油工业都堪称世界规模最大的行业，它可能是唯一牵涉到世界每一个国家的一种国际性行业。"

石油价格的变动往往会牵动世界经济的起伏。1973年和1979年爆发的两次石油危机曾给当时的世界经济以极大的冲击，导致金融市场动荡，经济危机四起，政治、社会混乱。从某种意义上说，石油和天然气是支撑着现代社会和现代文明的主力资源。

石油价格的波动会影响到世界经济

沧桑巨变：
石油的形成

石油是怎样形成的呢？当今石油地质学术界有两大成因论：有机论和无机论。

一般认为，石油是有机物死亡后，经历先期的埋藏、后期的加温、复杂的物理化学及转化作用后形成的。但是，也有人认为石油是从地下深处由岩浆作用后"冒"出来的。这就是有关石油成因的有机成因论和无机成因论两种说法。

石油有机成因论指的是各种有机物，动物、植物特别是低等的动植物（藻类、微生物类、软体类和鱼类等）。它们在死亡之后，被埋藏在不断下沉缺氧的海湾、潟湖、三角洲、湖泊等稳定的地质环境中，生物遗体于海底或湖底被淤泥覆盖；随着时间流逝，这些埋藏在沉积盆地的动植物残骸，在缺氧环境下经细菌作用将碳水化合物中的氧逐渐消耗，经过长期加温等地质作用，氧元素分离，碳和氢组成碳氢化合物，逐渐受热裂解成为石油和石油气。目前，人类已经在地球上发现了3000种以上的碳氢化合物，石油是由其中350种左右碳氢化合物形成的，比石油轻的气态的碳氢化合物便是天然气。

石油无机成因论指的是位于地下深处的火山岩浆特别是在基性岩浆中，会形成大量烃类气体，经过复杂的混合作用最终形成石油。

石油有机成因论是目前人类可以用实验方法演示和复制石油成因的科学假说。早在200多年前的1763年，俄国科学家罗蒙索夫首先表明观点，指出石油起源于植物。他认为石油是由泥炭在高温下形成的，同时向裂缝和孔隙岩内运移，并在其中聚集。

泥炭颗粒

1866年，勒斯奎劳提出石油的有机成因说，他认为石油可能是由古代海生的纤维状植物沉积到地层以后慢慢转化而来。

1876年，俄国化学家门捷列夫提出了"碳化说"。他认为，地球

Treibs 在石油中发现了卟啉化合物

上有丰富的铁和碳，在地球形成初期，它们可能化合成大量碳化铁，以后又与过热的地下水作用，就生成碳氢化合物。碳氢化合物沿着地壳裂缝上升到适当的部位储存凝结，最终形成石油矿层。但这一假说的不足之处是：地球深处的碳化铁含量极其微小，并且地球内部的高温也使地下水无法到达地球深处。

1888 年，杰菲尔指出石油是海生动物的脂肪经过一系列变化而形成的。20 世纪 30 年代，苏联科学家古勃金提出了石油的"动植物混合成因说"。

19 世纪末，俄国科学家索科洛夫提出了另一类石油无机成因说——"宇宙成因"说。他认为，在地球还处于早期火球般熔融状态

时，吸收了大量原始大气中的碳氢化合物。随着原始地球不断冷却，这些碳氢化合物逐渐凝结埋藏，并在地壳中形成石油。

1934 年，被称为有机地球化学之父的 Treibs，首次在石油中发现了卟啉化合物，这是被长期作为石油有机成因假说的重要证据。随后，科学家通过越来越先进的实验技术和油田原油样品的测试分析研究，使石油有机成因理论得到迅速发展。

到 20 世纪 40~50 年代，有人提出石油形成的"分子生油说"，即石油中的烃类物质是由沉积岩中的分散有机质在成岩作用早期转变而成的。

1951 年，苏联地质学家提出创立了石油无机成因的"岩浆说"，

认为石油是在地球深部的岩浆作用中形成的，这些地下深处的岩浆中不仅含有丰富的碳元素和氢元素，而且含有氧、硫、氮等元素。在岩浆从高温到低温的变化过程中，这些元素进行了一系列化学反应，从而形成甲烷、碳氢化合物等系列石油化合物，进一步伴随着岩浆的侵入和喷发，这些石油化合物在地壳内部迁移、聚集，最终形成石油矿藏。

生物有机质

石油无机成因说曾经在 20 世纪 30 年代之前的学术界占据支配的地位；但在今天，科学的实验和实践使得石油有机成因说逐渐发展成为主导的科学学说，因为人类已经认识到：

①世界上 90% 以上的油气都产自沉积岩。换句话说，全世界绝大多数的油气发现都与沉积岩有关。

②油气在地壳中的出现和富集程度与地质历史上生物的发育和兴衰相关；油气储量的时代分布与地层中分散有机质及煤和油页岩等有机矿产的时代分布有关。

③在油气田中，含油气地层总是与富含有机质的地层依存相关。

④存在于石灰岩孔隙中、生物介壳中以及密闭的砂岩透镜体中的原油只可能来源于沉积的生物有机质。

⑤原油的元素组成包括微量元素组成都与有机物质和有机矿床接近。

⑥石油中检测出的卟啉、类异戊间二烯烷烃、甾萜类化合物等生物标志化合物，它们的碳骨架为生物体所特有。

⑦石油以及绝大多数天然气的碳稳定同位素组成与生物体的碳稳定同位素组成接近。

⑧石油普遍具有旋光性，这主要与含有化学结构不对称的生物标志化合物有关。

⑨模拟实验表明，可从多种有机质中提炼得到油气中的烃类物质。

⑩现代测试分析技术已从现代和古代沉积物中分离出各种原油和天然气中的烃类分子。

在有机成因说的内部也存在两种不同的观点，即早期成因说和晚期成因说。早期成因说认为，石油是由沉积物（岩）中的分散有机质在

早期的成岩作用阶段经生物化学和化学作用形成的，是由许多海相生物遗留下来的天然烃的混合物，即它仅仅是生物体中烃类物质的简单分离和聚集。由于此时的有机质埋藏较浅，故也称为"浅成说"。

晚期成因说的基本思想是：进入沉积物中的生物聚合体首先在生物化学和化学的作用下，经分解、聚合、缩聚、不溶等后，随着埋深的进一步增大，在不断升高的热应力作用下，干酪根才逐步发生催化裂解和热裂解形成大量的原石油。在特定的地质条件下，这些原石油从生成它的细粒岩石中运移出来，在储集层中聚集成为油气藏。

第二节 能源利用新希望：可燃冰

未来新能源：可燃冰

在变幻莫测的海洋深处蛰伏着一种可以燃烧的白色结晶物质，它就是"可燃冰"。在能源危机日益加重的今天，能源困局已成为人类社会发展的绊脚石。发展探索新能源的任务迫在眉睫，可燃冰无意间进入了人们的视野，为人类未来的新能源之路带来了一线曙光。

20世纪60～90年代，科学家在南极冻土带和海底发现一种可以燃烧的"冰"，这种环保能源一度被看作是替代石油的最佳能源，但由于开采困难，一直难以启用。然而随着近年来科技水平的日新月异，随着人们对可燃冰的全面了解，相信会取得重大突破。

世界上绝大部分的可燃冰分

可燃冰

布在海洋里，据估算，海洋里可燃冰的资源量是陆地上的100倍以上。据最保守的统计，全世界海底可燃冰中储存的甲烷总量约为1.8亿亿立方米，约合1.1万亿吨，如此数量巨大的能源是人类未来的希望，是21世纪具有良好前景的后续能源。

可燃冰被西方学者称为"21世纪能源"或"未来新能源"。迄今为止，在世界各地的海洋及大陆地层中，已探明的可燃冰储量已相当

于全球传统化石能源(煤、石油、天然气、油页岩等)储量的两倍以上,其中海底可燃冰的储量够人类使用1000年。科学研究表明,仅在海底区域,可燃冰的分布面积就达4000万平方千米,占地球海洋总面积的1/4。目前,世界上已发现的可燃冰分布区多达116处,其矿层之厚、规模之大,是常规天然气田无法相比的。

可燃冰,学名为"天然气水合物",是在一定条件下,由气体或挥发性液体与水相互作用过程中形成的白色固态结晶物质。可燃冰实际上并不是冰,而是水包含甲烷的结晶体,因为凝固点略高于水,所以呈现为特殊的结构。

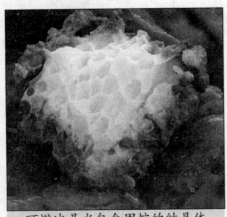

可燃冰是水包含甲烷的结晶体

由于天然气水合物中通常含有大量甲烷或其他碳氢气体,极易燃烧,外观像冰,所以被人们通俗、形象地称为"可燃烧的冰"。可燃冰的主要成分是甲烷与水分子,又称"笼形包合物";它燃烧产生的能量比同等条件下煤、石油、天然气产生的能量多得多,而且在燃烧以后几乎不产生任何残渣或废弃物,污染比煤、石油、天然气等要小得多。

可燃冰被能源科学家看做是最环保的化石气体。经过燃烧后,它仅会生成少量的二氧化碳和水,并且能量巨大,是普通天然气的2~5倍。

你知道吗

你知道可燃冰主要分布在世界上哪些地方吗

到目前为止,世界上海底可燃冰已发现的主要分布区是大西洋海域的墨西哥湾、加勒比海、南美东部陆缘、非洲西部陆缘和美国东海岸外的布莱克海台等;西太平洋海域的白令海、鄂霍茨克海、千岛海沟、冲绳海槽、日本海、四国海槽、日本南海海槽、苏拉威西海和新西兰北部海域等;东太平洋海域的中美洲海槽、加利福尼亚湾外和秘鲁海槽等;印度洋的阿曼海湾、南极的罗斯海和威德尔海、北极的巴伦支海和波弗特海以及大陆内的黑海与里海等。

因此，从20世纪80年代开始，美、英、德、加、日等发达国家纷纷投入巨资，相继开展了本土和国际海底可燃冰的调查研究和评价工作，同时美、日、加、印度等国已经制定了勘察和开发天然气水合物的国家计划。特别是日本和印度，在勘查和开发天然气水合物的能力方面已处于领先地位。

演化更迭：可燃冰的形成

形成可燃冰的主要气体为甲烷，对甲烷分子含量超过99%的天然气水合物通常称为甲烷水合物。

可燃冰是自然形成的，它们最初来源于海底下的细菌。海底有很多动植物的残骸，这些残骸腐烂时产生细菌，细菌排出甲烷；当正好具备高压和低温的条件时，细菌产生的甲烷气体就被锁进水合物中。

可燃冰大多分布在深海底和沿海的冻土区域，这样才能保持稳定的状态。然而可燃冰的形成必须具备三个基本条件，缺一不可：一是温度不能太高；二是压力要足够大，但不需太大，0℃时，30个大气压以上就可生成；三是地底要有气源。

可燃冰受它的特殊性质和形成时所需条件的限制，只分布于特定的地理位置和地质构造单元内。一般来说，除在高纬度地区出现的与永久冻土带相关的可燃冰之外，在海底发现的可燃冰通常存在于水深300米以下，主要附存于陆坡、岛屿和盆地的表层沉积物或沉积岩中，也可以散布于洋底以颗粒状出现。

从地球构造角度来说，可燃冰主要分布在聚合大陆边缘大陆坡、被动大陆边缘大陆坡、海山、内陆

可燃冰主要附存于陆坡的沉积岩

海及边缘海深水盆地和海底扩张盆地等构造单元内。据估计，陆地上20.7%和大洋底90%的地区，具有形成可燃冰的有利条件。绝大部分的可燃冰分布在海洋里，资源量是陆地上的100倍以上。在标准状况下，1单位体积的天然气水合物分解最多可产生164单位体积的甲烷气体，因而可燃冰是一种重要的潜在未来资源。

从化学结构来看，可燃冰是这样构成的：由水分子搭成像笼子一样的多面体格架，以甲烷为主的气体分子被包含在笼子格架中。不同的温压条件，具有不同的多面体格架。

从物理性质来看，可燃冰的密度接近并稍低于冰的密度，剪切系数、电解常数和热传导率均低于冰。可燃冰的声波传播速度明显高于含气沉积物和饱和水沉积物，中子孔隙度低于饱和水沉积物，这些差别是以物探方法识别可燃冰的理论基础。

喜中有忧：可燃冰的缺点

可燃冰虽然给人类带来了广阔的新能源前景，但是它对人类生存环境也带来了严峻的挑战。天然气水合物中甲烷的温室效应远远高于二氧化碳。如果温室效应过于严重必然造成异常气候和海面上升，它们将给人类生存带来很大的威胁。另外，全球海底可燃冰中的甲烷总

开发可燃冰具有非常高的危险性

量远远高于地球大气中甲烷总量，如果一不小心就可能让海底可燃冰中的甲烷气逃逸到大气中，其后果真的是不堪设想。另外，固结在海底沉积物中的水合物，如果条件发生了变化就会使甲烷气从水合物中释出，同时还会导致沉积物物理性质的改变，这必将极大地降低海底沉积物所开采出来的可燃冰特性，最终导致海底软化，出现海底滑坡，毁坏海底工程设施，如果严重的话还会危害海底输电或通信电缆和海洋石油钻井平台等设施的安全，危害非常严重。

一般情况下，可燃冰呈固态，它不会自喷流出。如果把它从海底一块块搬出，在搬运的过程中甲烷就会挥发殆尽，同时也会带来严重的大气污染。为了获取这种清洁能源，世界许多国家和地区都在研究天然可燃冰的开采方法，既保证开采的质量，更保证开采的安全。

其实，可燃冰的开发利用属于世界性的难题。通过研究，科学家发现，开发可燃冰具有非常高的危险性。如果开采不当，必然会导致严重的灾难性后果。不仅造成严重的温室效应，而且还可能导致一系列的开采事故，严重威胁人类的生命财产安全。所以，在开采过程中一定要谨慎行事。

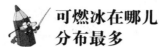

可燃冰在哪儿分布最多

可燃冰广泛分布在大陆、岛屿的斜坡地带，活动和被动大陆边缘的隆起处，极地大陆架及海洋和一些内陆湖的深水环境。

可燃冰广泛分布在岛屿的斜坡地带

在能源严重短缺的今天，气水合物的地位尤为突出。这是因为：一是地壳浅部2000米以内存在着大量甲烷；二是气水合物的分布是全球性的，在地壳内有一个气水合物形成稳定带。这些稳定带是：

1. 麦索雅哈河—普拉德霍湾—马更歇三角洲—青藏高原全球陆地气水合物形成带

陆地上，适合可燃冰形成的温度和压力条件的地理环境是高纬度永久冻结层（包括永冻区浅海地带）。永久冻土区包括格陵兰和南

极冰川覆盖层下部，俄罗斯北部、西伯利亚和远东，加拿大马更歇三角洲，美国阿拉斯加北部斜坡，中国青藏高原。冻结层的最大厚度可达 1800 ~ 2000 米，最常见的是 700 ~ 1000 米；在永久冻土区，气水合物可以在地面以下 130 ~ 2000 米的深度存在。陆地地温剖面表明气水合物可能存在的深度是 200 米，全球陆地可燃冰存在的可能性区域：从麦索雅哈河流域到俄罗斯北部和东北部；从普拉德霍湾到整个阿拉斯加北部斜坡；从马更歇三角洲到北美北极圈；青藏高原永久冻土区域。

你知道吗

日本发现丰富的可燃冰资源

在日本本州岛海岸线 48 千米外，科学家们发现了一条蕴藏量惊人的海沟：在海沟里的甲烷呈水晶状，大约有 500 米厚，总量达 40 万亿立方米。这个储量尽管还不能与沙特或者俄罗斯的石油资源相比，但也足够日本用上一阵了。日本科学家们对这一结果很是兴奋，他们表示将尽快拿出合适的方案开采这些被遗忘的资源。据初步估算，这些可燃冰可供日本全国使用 14 年之久。

2. 北冰洋—大西洋—太平洋—印度洋全球海洋气水合物形成带

海洋底下是可燃冰形成的最佳场所，海洋总面积的 90%，具有形成气水合物的温压条件。海底沉积物和成岩作用所形成的天然气，几乎全部以水合物形式保存在沉积物中，而不是主要分散在海水中。全球海洋可燃冰存在的可能性形成带：北极海底永冻区的气水合物形成带；大西洋气水合物形成带；太平洋气水合物形成带；内海气水合物形成带。

海底是可燃冰形成的最佳场所

过去对海洋气水合物中甲烷资源量的估计，因不同推测者的估算差异很大，资源量估计值的区间很宽。气水合物中的天然气量主要取决于以下 5 个条件：气水合物分布面积、储层厚度、孔隙度、水合指数、气水合物饱和度。

为此，学者们对各国甲烷资源量做了大量深入的研究。美国学者估计美国大陆边缘气水合物中含

有 7.2×10^{14} 立方米甲烷气。俄罗斯学者估计，俄罗斯远东和南部海底气水合物储量中的可开采天然气达（$1 \sim 5$）$\times 10^{12}$ 立方米，其中 60%，集中在鄂霍茨克海和日本海。日本学者估计在日本海及周围有 6×10^{12} 立方米的甲烷水合物。海洋沉积物中甲烷的富集程度比陆地普通气藏甲烷丰度有过之而无不及。如果沉积物的孔隙（孔隙度达 20%）全部被气水合物充填，则 1 立方米的沉积物中可聚集 $30 \sim 36$ 立方米的天然气。在大陆斜坡和陆隆区，只有 60% 的地区（即 3.22×10^7 平方千米的地区）具有形成可燃冰的条件（合适的温度和压力以及富集的天然气）；在洋盆和深海沟地区，具有这种条件的地区约为 5.67×10^7 平方千米；在大陆架，具有这种条件的地区为 1.1×10^6 平方千米。假若 1 立方米的沉积物可聚集 $10 \sim 30$ 立方米的天然气，每平方米的海底则含气 $2 \times 10^3 \sim 5 \times 10^3$ 立方米，若假设天然气排出因数为 0.7，大陆斜坡和陆隆区的排气潜量约为 2.97×10^{16} 立方米；大洋盆地和深海地区的排气潜量约为 5.49×1016 立方米。这样，整个海底可燃冰形成带的甲烷潜量则多达 8.5×10^{16} 立方米。

全世界陆上气水合物中的天然气为数十万亿立方米，海洋中的为数千万亿立方米。以上两项之和是世界常规天然气探明储量（1.19×10^{14} 立方米）的几十倍。目前对全球气水合物中甲烷资源量较为一致的评价是将近 2.0×10^{16} 立方米。如果这个估计正确，气水合物中甲烷的总含量则是当前已探明所有燃料化石矿产（煤、石油、天然气）总含量的 2 倍。

第三节　石油资源开发乐园

油气资源储量丰富：油气勘探

1. 海洋油气勘探的任务及阶段划分

开发利用海洋油气资源的第一个阶段是勘探，海洋油气勘探的任务就是寻找海底地下的石油或者天然气。海洋油气资源勘探具有高风险、高成本、高回报的特点，为规避风险，节约成本，实现高回报，海洋油气勘探多采用分阶段、循序渐进的勘探方法。海洋油气勘探一般划分为普查、详查、初探和详探四个阶段。

油气勘探

普查：普查的任务是在大范围的区域内，确定什么地方含油气可能性最大，这是勘探工作的第一步。通常，普查工作要进行区域性的地质调查、地球物理勘探(以重力、磁力和电法勘探为主)，并利用航空遥感等技术手段研究分析盆地面貌、岩层、构造等地质特征。对这个阶段所获得的各种资料进行综合分析，就可以固定整个沉积盆地的范围、沉积岩层分布，大致了解盆地的地质构造情况，对盆地的油气远景做出评价，并指出油气聚集的有利区带。

详查：详查阶段的任务是在普查所指出的油、气聚集远景区内，集中力量进行更详细的调查，寻找有利于油、气聚集的地质构造。详查阶段通常以地震勘探为主，配合进行更细致的重力和磁法勘探。用这些地球物理方法，可查明和圈定远景区内的地质构造带的范围和形态，有时也可布置少量探井进行钻探。

初探：初探是在详查所确定的含油、气希望最大的地质构造上，部署一定数量的探井，进行钻探。本阶段的任务是对贮油、气层的地层性质，构造类型，油、气田的边界及钻井的条件做出初步评价，并提出详探方案。

详探：详探是在初探的基础上，合理地加密探井井数，以求更详细地掌握含油、气地区的地质构造，岩层分布变化规律；探明油气藏的边界，油、气藏的能量形式；油、气层的物理性质、厚度、压力、生产能力；圈出可供正式开采的贮量面积，为制定油气田的合理开发方案提供依据。

海洋油气勘探平台

2. 海洋油气勘探的方法

常用的海洋油气勘探的方法可划分为地球物理方法、地球化学方法和钻探法。

(1) 地球物理方法。地球物理方法常用的有电法、磁法、重力法和地震法。

电法：电法亦可分为两类。其一是利用通过海底的自然电流确定小范围异常(如可导电的矿体)的位

置；其二是对海底施加人工电场，测量插入海底两电极之间的电位差。两电极之间的电感应差反映它们之间岩石电阻率的差异。通过电法勘测得到的数据经过处理和解释，可以使人们了解海底地质构造。具体的方法有自然电位法、大地电阻率法和激发极化法。

磁法：用磁法进行海底勘探，主要是利用磁力仪测量由底岩石和沉积物磁化强度的变化而引起的局部异常的磁场。地球本身就是一个大磁体，因此其中某些种类岩石也就具有磁性。磁性最强的岩石是火成岩，沉积岩磁性很弱，局部地区磁力与该区一般正常磁力的差异，称为磁力异常，利用高灵敏的仪器——磁力仪来测量磁力异常的大小就可以了解地下岩石和含磁矿产分布状况。在海上测量这种磁力异常的大小，就可以了解测量区域什么地方沉积岩最厚，这是生成石油和天然气最有利的地方。

目前在海上测量磁力异常通常使用船和飞机装载专门仪器进行测量。

重力法：重力法就是利用地下岩石各处重力大小不同的原理来进行。在地球上重力的分布是有规律的，这就是地球上的正常重力场。当地壳内岩石密度发生变化时，重力也随之变化，称为重力异常。在海上用重力仪把每个点的重力值测出来，再经过分析研究，就可以帮助我们了解地下情况，划分出沉积岩厚度的分布范围，或者判断出储油构造的分布位置和埋藏深度，这就间接或直接地帮助我们能够在海上找寻油田所在。

地震方法：地震法是利用人工

海洋专用重力仪

地震的方法来对海底石油、天然气藏进行勘探。它是地球物理勘探中经常使用的一种方法，也是目前国内外寻找储油构造主要的和精度较高的一种方法。

用炸药、高压空气、电火花在水中爆炸造成向各方向传播的地震波，当地震波传播到两种不同岩层的分界面时，就可能被反射而回到海面。如果海底下存在许多层岩层，那么每一岩层的界面上就会发生反射或折射。这些反射（折射）波由于反射界面的深度不同，在海底下走

的路程长短不一样，因而到达水面的时间就有先后。

你知道吗

海上石油开采

海上油气开发与陆地上的没有很大的不同，只是建造采油平台的工程耗资要大得多，因而对油气田范围的评价工作要更加慎重。要进行风险分析，准确选定平台位置和建设规模。避免由于对地下油藏认识不清或推断错误，造成损失。20世纪60年代开始，海上石油开发有了极大的发展。海上油田的采油量已达到世界总采油量的20%左右。形成了整套的海上开采和集输的专用设备和技术。平台的建设已经可以抗风、浪、冰流及地震等各种灾害，油、气田开采的水深已经超过200米。

如果在爆炸前预先在水面放置一系列接收这种波的仪器(检波器)，把这种机械震动变成电信号，通过记录仪器，记录在磁带上，就可以从磁带上知道这个波开始传播的时间，和它被界面反射后回到水面的时间，进而推算出地壳里每一地层分界面距离海面的深度。利用电子计算机把海上每一条测线的模拟或数字磁带记录进行资料处理，就能很快地绘成剖面图。经过地质解释之后，就能知道在什么地方，多大深度有储油构造分布范围和厚度。

(2) 地球化学方法。地球化学方法应用于海洋油气资源勘探基于以下基本原理：油气藏是烃类流体矿产，具有向表层土中扩散的特征。在邻近地下油气藏上方附近海底的样品中，会出现烃类地球化学指标的高异常。地球化学方法用于油气藏的方法就是在海底底土进行系统采样，采用地球化学分析方法对样品的含烃种类和数量进行分析，确定含烃类高异常区，进而预测油气藏的发育部位。

油气藏是烃类流体矿产

(3) 直接钻探法。埋藏在海底的油、气，只有通过油井才能最终落实，也只有通过钻井才能开采出来。由于油、气可以流动，所以油井直径不必太大，一般直径为十几厘米到几十厘米。

069

海上石油钻井和陆上石油钻井的钻井方法是相同的，不同的是海上石油钻井需要在海面上把钻机安装在高出海面的平台上，钻井平台要能抵御风浪和海流的考验。钻探法所采用的设备称为钻机，常见的钻机是通过转盘的旋转，带动一套钻杆旋转，钻杆又带动钻头旋转并破碎地下岩层，在钻进过程中还需不断接长钻杆，才能使钻头一直钻到几千米的地下，并通过获取岩心、岩屑，或者通过各种方法对井筒的测试来确切查明地下油气藏的状况，为制定开发方案提供可靠的、系统的数据。

海上石油钻井平台

 ## 活动的油气开采站：钻井船

钻井船是设有钻井设备、能在水面上钻井和移位的船，也属于移动式钻井装置。较早的钻井船是用驳船、矿砂船、油船等改装的，现在已有专为钻井设计的专用船。但缺点是稳定性差，作业效率降低。为了提高稳定性，科学家设计出双体船、中心抛锚式和舷外浮体等型式。钻井船由于船身阻力小，移动井位很方便，在钻井装置中机动性最好，作业水深大，一般可在水深大于600米的海域钻探，但也需有相应的动力定位设施。20世纪60年代开始在钻井船上安装了动力定位装置。这种装置利用安装在钻井船底部的检波器来接受海底声呐信标发射的信号，通过船上安装的电子计算机，自动指令船的推进器工作，调整船只的偏移，使钻船始终保持在井口上方允许钻井作业范围内。世界上最大型深海钻井船于1995年开始建造，于2000年已经投入使用。该船长165米，总吨位1.5万吨，定员130人，船内备有供各种实验用的研究设备、分析仪器，计算机等，该船的海底钻井深度可达3500米，建造费用达50亿日元。建成后，该船将成为一艘浮动的海上综合研究中心，并可到各个海域采集地壳样品。活动式钻井平台不仅数量增加很快，而且平台的技术性能也有了很大的提高。例如，日本三菱重工业公司为瑞典斯坦纳海运公司建造的半潜式平台，能经受速度为每秒51.5米的大风，

高达 33.5 米的波浪和每小时 3 海里的海流袭击，能在没有补给的情况下连续工作 100 天。

另外，芬兰为苏联建造的世界上第一艘防水石油钻井船，安装了一种特殊设备，一旦发现冰山袭来，可迅速撤离井场，并能以 13 节的速度航行。格洛玛·挑战者号钻的探船能在 7 千米深的海上，依靠电子计算机控制的动力定位设备，使钻探船始终保持在所确定的井位上方一定范围内；利用声呐自导的再进钻孔装置，使钻探船可以在一个钻探地点，10 多次更换磨损的钻头，继续进行钻探，大大提高了钻井的深度。目前海上石油钻探最深的探井，已能钻到海底下 6.963 千米。世界各国的钻井船已超过 100 艘，新问世的钻井船排水量不断增加，钻井设备贮存更多，同时提高了深

水作业能力。

油气开采基地：钻井平台

钻井平台，主要用于钻探井的海上结构物。上装钻井、动力、通讯、导航等设备，以及安全救生和人员生活设施。海上油气勘探开发不可缺少的手段。主要包括以下四种钻井平台：

1. 固定式钻井平台

固定式钻井平台为最早使用的钻井和采油装置，它既可用于钻井，又可用于石油生产。这种装置又可分栈桥式、带附属船式和自载式三种。载栈桥式固定平台出现最早，与码头相似。在离海岸不远，水深较浅的海区，用打入海底的桩柱来支撑平台，通过栈桥把平台与海岸连接起来，这是一种由陆地向海滩延伸的一种固定平台，适用于海洋浅滩、风浪平静的区域。带附属船式固定平台，是将最少限量的钻井设备设在平台上，其他附属设备、重要物资和生活区设在附属船上。自载式固定平台是将所有钻井设备全部安装在平台上，平台面积较大，有的还把底部设计成储油库，能储藏十几万吨石油，既可增加平台自

钻井船

活动式钻井平台

身的稳定性，又可降低生产成本。因为一座大型固定式平台的建造费需上亿美元，而它又不能移动再次使用，所以目前打油探井很少使用这种平台。

2. 活动式钻井平台

这种钻井装置既能保证钻井时的平稳性，又具有钻井结束后易于移动和能适应各种水深的特点，因而从 1950 年出现第一台这类钻井装置以来发展很快。它分为四大类型。

座底式钻井平台是早期在浅水区域作业的一种移动式钻井平台。平台分本体与下体，由若干立柱连接平台本体与下体，平台上设置钻井设备、工作场所、储藏与生活舱

室等。钻井前在下体中灌入压载水使之沉底，下体在座底时支撑平台的全部重量，而平台本体仍需高出于水面之上，不受波浪冲击，在移动时，将下体排水，提供平台所需的全部浮力。缺点是结构笨重，而且立柱在拖航时平台升起太高，容易产生事故。由于座底式的工作水深不能调节，已日渐趋于淘汰。目前浅水采用固定式，深水则用自升式。

3. 自升式钻井平台

自升式钻井平台能自行升降的钻井平台，由平台甲板和四桩腿组成。在甲板与桩腿之间有升降机构可使两者作相对的升降。钻井时，

桩腿下降支撑于海底。平台甲板沿桩腿上升，被托出水面以上，使其不受波浪的侵袭。移动时，平台甲板下降浮于水面，接着桩腿拔起并尽量上升以减小移航时水的阻力。一般不能自航，由于桩腿长度有限，其最大工作水深一般约100米。为了减轻结构重量，桩腿数不过三、四条。桩腿下端设有桩靴或沉垫，以加大其支撑面积而减小插入海底土中的深度，平台一般分上下两层甲板，作为布置钻井设备钻井器材和生活舱等用。自升式钻井平台所需钢材少，造价低，在各种海况下，几乎都能维持工作，其缺点是当移

动时，由于桩腿升得很高，造成重心高，稳性差，抗风能力差；当到新井位时，平台在水面因风浪导致摇荡不已，当桩腿下降将要着底时，有可能弄断桩腿；当大风暴来临时，因急需拔腿移位，有可能产生拔不出桩腿的危险。但目前海上移动式钻井平台中自升式钻井平台仍占45%。

4. 半潜式钻井平台

半潜式钻井平台大部分浮体深沉于水面以下的一种小水浅面的钻井平台，由平台甲板、立柱和下体所组成。平台甲板供钻井工作用，

半潜式钻井平台

上面设有钻井设备、钻井器材和人员舱室等。下体（或沉箱）提供主要浮力，深沉于水面之下，以减小波浪的扰动力。在浅水区，使平台保持管稳定，进行钻井，钻井工作结束，抽出"浮室"中的压载水，"浮室"上升，浮至水面进入拖航或自航状态。依靠底部抛锚固定的半潜式平台可以在水深30~300米处作业；而依靠动力定位装置稳定的半潜式平台能在600米的海域作业。半潜式钻井平台在深水区域作业时，需依靠定位设备，一般为锚泊定位系统，常规的锚泊定位系统通常由辐射状布置的几个锚组成，用链条钢绳与平台连接。水深超过300～500米时，需要采用动力定位系统或深水锚泊定位系统。

第三章
取之不尽的海水资源

　　海洋是生命的摇篮，海水不仅是宝贵的水资源，而且蕴藏着丰富的化学资源。加强对海水（包括苦咸水，下同）资源的开发利用，是解决沿海和西部苦咸水地区淡水危机和资源短缺问题的重要措施，是实现国民经济可持续发展战略的重要保证。

第一节　气候调节器：海水资源

无穷无尽的海水

海水是流动的，对于人类来说，可用水量是不受限制的。海水是名副其实的液体矿藏，平均每立方千米的海水中有 3570 万吨的矿物质，目前世界上已知的100多种元素中，80% 可以在海水中找到。海水还是陆地上淡水的来源和气候的调节器，世界海洋每年蒸发的淡水有 450 万立方千米，其中 90% 通过降雨返回海洋，10% 变为雨雪落在大地上，然后顺河流又返回海洋。

海水是名副其实的液体矿藏

海水中包含了所有的已知微量元素

英国化学家 W. 迪特玛于 1872~1876 年随"挑战者"号进行环球考察时，对各个海域的海水进行了全面测定与比较后认为，不同海域的海水总体上讲其成分是基本相同的，构成也是相对稳定的。但是，由于不同海域海水的温度、盐度、蒸发量与降水量等存在一定差异，因而其构成成分有可能出现某些微小的差别。

海水的构成除了最基本成分——水之外，还溶解有大约 3.5% 的可溶性无机盐，其中氯化钠约占无机盐总量的 85%，此外还有氯化镁、硫酸镁、硫酸钙、碳酸氢钙、硫酸钾、溴化镁等。这些无机盐在海水中大多离解成离子状态存在。

海水中最常见的离子有：Na^+、Mg^{2}、Ca^{2+}、K^+、Cl^-、SO_4^{2-}、HCO_3^-、Br^- 等，这几种离子大约可占海水中全部离子总量的 99.95%。海水中的微量元素几乎包含了所有的已知微量元素，但其含量都非常低，以含量最高的锶 (Sr)、硅 (Si)、氟 (F) 为例，每升海水中的含量仅分别为 8 毫克、3 毫克、1.3 毫克。

大气中所包含的主要气体在海水中也存在，但其含量却少得可怜：空气中含氮气 76%、氧气 21%、氩气 1%、二氧化碳 0.032%，其他气体约 0.22%；而海水中的氧气含量只有 0.004 6% ~ 0.007 5%、氮气

0.000 05%、氙气 0.000 05%，仅为空气中含量的万分之一至百万分之一。海水中溶解的气体虽然含量很低，但对维系海洋生物的生命活动却至关重要。

米到 600～900 米之间的中层水，由于受大西洋暖流的影响，水温多保持在 0℃～1℃之间。北冰洋沿岸地区大多为冻土地带，永冻层厚度一般都可达数百米。

长年不结冰的巴伦支海

海水的主要理化特性

1. 海水的温度

全球海洋中海水温度的变化幅度大致在 –2℃～33℃之间。其中，表层海水的水温变化幅度最大，大约是在 –2℃～33℃之间；而底层水的水温变化幅度较小，通常多维持在 0~6℃范围。

表层水温度最高的区域为北纬 5°~10° 海域，该海域的部分海区，如波斯湾，夏季的表层水温有时可高达 33℃，岸边浅水域的表层水温有时甚至能达到 36℃。表层水温最低海域为南极海域，其中威德尔海的长年水温一般都低于 0℃，最低时为 –2℃。北冰洋是全球纬度最高的海域，大约有 2/3 的海域表层长年冰冻，其余的海面大多也漂浮着冰山及浮冰，整个北冰洋中仅有巴伦支海由于受北角暖流的影响长年不结冰。北冰洋从海面到 100～225 米深的表层水长年水温一般都在 –1℃～–1.7℃之间，从 100～225

你知道吗

你了解三大洋的水温吗

三大洋表面年平均水温约为 17.4℃，其中以太平洋最高，达 19.1℃，印度洋次之，达 17.0℃，大西洋最低，为 16.9℃。水温一般随深度的增加而降低，在深度 1000 米处的水温约为 4～5℃，2000 米处为 2～3℃，深于 3000 米处为 1～2℃。占大洋总体积 75% 的海水，温度在 0～6℃之间，全球海洋平均温度约为 3.5℃。

表层水温季节变化幅度最大

的是中纬度海域，一年之中最高水温有可能达到 30℃，而最低水温则可能低于 0℃，年水温差可超过 30℃。而赤道海域和极地海域水温的季节变化幅度都比较小，年水温差一般很少能超过 5℃～-10℃。

底层水占海水总量的 75% 以上，其水温长年多维持在 0℃～6℃之间，其中，有大约 50% 左右的深层水长年水温仅有 1.3℃～3.8℃，只有极个别的海域底层水温会低至 0℃。在大洋深处的海盆中，地壳的热量可以对底层水的水温产生一些影响，但至多也只能使底层的水温上升 0.5℃左右。

（1）温跃层。大洋中的海水，温度垂直分布存在着典型的三层式结构。上层为混合层。其厚度大约在 20～200 米，不同海域厚度不同。混合层上下温度比较均匀，但表层温度存在比较明显的昼夜变化与季节变化。

中层为温跃层，在温跃层内，随水深的变化海水温度急剧下降。温跃层在不同海区分布深度不同。在南北信风带海域，温跃层多出现在 200 米左右水层；在长日照海域，昼夜温跃层多出现在 6～10 米水层，而季节温跃层多出现在 30～100 米水层。温跃层的厚度一般都不太厚，通常只有几米至几十米，但其

温度变化幅度却非常大，在低纬度海域可以从 20℃～30℃急剧下降为 3℃～6℃。

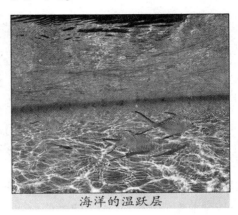

海洋的温跃层

底层为低温层。在大洋深水区以底层水的厚度最大，温度变化幅度也最小。大洋底层水的温度一般都保持在 0℃～6℃范围，即使是热带海域，1 500 米以下的水温也很少能超过 3℃。但水温低于 0℃的底层水分布区域也不是太多。

温跃层并不是在所有的海域都存在，高纬度海域由于表层水温长年都比较低，与底层水的水温差别不是太大，因而很少出现温跃层。

（2）温跃层的成因。温跃层的形成原因大致上有 3 种。一种是随寒流携入的低温水，由于比重较大，会下沉至高温水的下部，形成较为稳定的低温水团，在冷水团与其上方暖水团的界面处存在较大的水温差，可形成稳定的温跃层。第二种

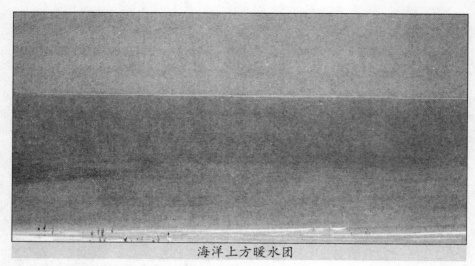

海洋上方暖水团

是季节温跃层的形成，即表层海水受季节性气温的影响水温升高，由此而形成的暖水团，因密度变小而稳定存在于其下方温度较低的水团之上，两个水团的界面处存在较大的温差，形成季节温跃层。季节温跃层一般多生成于中纬度海域。第三种是昼夜温跃层的形成，由于表层海水白天受太阳光辐射的影响水温升高，形成的暖水层也可稳定存在于其下方温度相对较低的水层之上，两个水层的界面处形成昼夜温跃层。昼夜温跃层一般多生成在比较浅的水层中，而且不太稳定。

2. 海水的密度

海水密度是指每单位体积海水的质量，常用单位为"克／立方厘米"或"克／毫升"。人们习惯上常将海水密度称为海水比重，一般多用海水比重计进行测量。海水的平均密度一般多在 1.025 ～ 1.028 克／毫升。

（1）影响海水密度的主要因素。海水密度主要受盐度、温度和压力的影响，在其他两个因素不变的情况下，盐度上升则密度增大，温度上升则密度减少，压力增加则密度增大。

海水的密度随着海域的不同、深度的不同以及水温和盐度等的不同而各不相同。一般来讲，沿岸水比外海水的密度低，表层水比底层水的密度低。这是因为沿岸海水由于受气温、大陆径流、降水等气候因素的影响，密度变化较大，而且其密度一般都低于海水的平均密度；而大洋深层的海水因水温低、

压力大，其密度一般都高于海水的平均密度。降水能使海洋表面的海水盐度降低，再加上太阳的辐射还能提高表层海水的温度，这也是为什么海洋表层水比深层水密度小的原因。此外，深层水的压力比表层水大，压力也会造成深层海水的密度增大。全球海洋中以南极海域的海水密度最大，这不仅是因为其水温低，而且因该海域海水容易结冰，海水在结冰时会释出部分盐分，致使该海域的盐度随之增高，密度变大。

纯水在4℃时密度最大，为1克/毫升。而海水密度最大时的水温却与其盐度有关。例如：盐度18的海水在0.12℃时密度最大，盐度35的海水则在−3.52℃时密度最大。海水结冰后体积约增加9%，密度也相应减少9%。

（2）密度跃层。海水的密度跃层一般都是在海洋中两个密度不同的水团界面处形成的。例如，当表层海水因大量蒸发而导致盐度增加，致使其密度增大时或者因温度降低而导致其密度增大时，一旦密度大于其下层水团，即开始下沉，直至抵达密度相同的水层后才停止下沉并四下散开。因密度大的海水不断下沉，密度小的海水不断上升，可促使海水不停地进行垂直交换，形成上升流与下降流，最终有可能形成上下两个密度相对稳定的水层。

不同区域的海水的盐度不相同

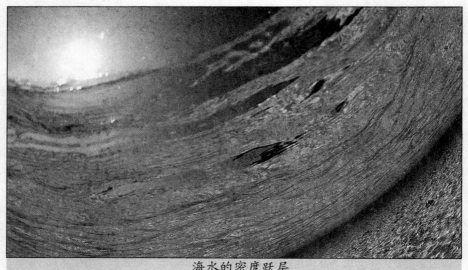

海水的密度跃层

在两个水层的界面处往往存在着较大的密度差，形成密度跃层。在密度跃层内，随水深的变化海水密度急剧增大。此外，某些陆间海如果周围有较多的河流注入，河流携入的大量淡水因密度小于海水而浮于海水表层之上，久而久之即可形成两个密度不同的水团，上层水团盐度低密度小，下层水团则盐度高密度大，由此而形成的密度跃层一般都比较稳定，黑海即属于这种类型。

温跃层也属于密度跃层的一种。

3. 海水的盐度

盐度是指海水中溶解的无机盐数量，常以其含量的千分值(‰)来表达。例如，海水中含盐量为30‰，则称其盐度为30；含盐量为35‰，则称其盐度为35。

你知道吗

海水盐度的由来

19世纪末期，欧洲一些国家召开了国际海洋会议，为了统一观测资料，成立了专家小组，研究了海水的盐度、氯度和密度等有关问题。这个小组在M.H.C.克努曾的领导下，提出了一种测定盐度的方法，即取一定量的海水样品，加盐酸酸化后，再加氯水，蒸干后继续升温，最后在480℃条件下烘至恒重，称量剩余的盐分。根据这种测定方法，海水盐度的定义为："1千克海水中的溴和碘全部被当量的氯置换，而且所有的碳酸盐都转

换成氧化物之后，其所含的无机盐的克数。"以符号"S‰"表示，单位为克／千克。

全球海洋中海水盐度平均为35，各海域略有不同，其中大洋水的盐度较高，大致在33～37.5之间；近岸水域由于受降水和大陆径流等的影响较大，盐度要低些，并且不同海区间差别较大。

全球各大洋中，以北大西洋亚热带海域盐度最高，约为37.5；北冰洋盐度最低，为31～32。盐度最高的海为红海和波斯湾，正常情况下为40～42；盐度最低的海为波罗的海，中部海域的海水盐度通常在6～8之间，而北部和东部海域的海水盐度只有2，几乎与淡水等同。波罗的海四面皆为陆地所包围，仅西侧有3条又窄又浅的海峡与大西洋连通。它与外海的水交换量不大，加上流入该海的河流有250条之多，平均每年注入淡水多达472立方千米，当地气候凉湿，蒸发量少，这些因素的共同影响造成了其海水盐度极低。此外，黑海的盐度通常也只有18左右，基本上为半咸水。

波罗的海盐度极低

4. 海水的透明度

顾名思义，海水的透明度是指海水的透明程度。影响海水透明度的因素主要是海水中的浮游生物以及其他颗粒状悬浮物的多少，因而透明度也被作为表达海水质量的指标之一。正常海水的透明度一般都在几米至几十米范围之间，近岸水域由于受风浪及河流携带泥沙等的影响，海水中颗粒悬浮物较多，因而透明度大多只有几米，越向外海悬浮物越少，透明度越高。外海水的透明度一般都在十几米至几十米，而大洋水的透明度大多为几十米。

我国渤海的海水透明度一般仅3～5米，黄海3~15米，东海的外海25～30米。全球各大洋中以马尾藻海的透明度最大，最高时可达72米，这是因为该海远离大陆，处于大洋的环抱之中，除了漂浮有马尾藻等大型海藻外，浮游生物及颗粒悬浮物非常少，因而其透明度要比其他海域高。

5. 水色

大海是蔚蓝的，这是人们对海洋的第一印象。水是无色透明的，而海水为什么会是蔚蓝色的呢？究其原因，主要是由于海水对阳光中不同单色光的散射结果。海水对阳光中波长较长的红光与橙光吸收多而散射少，而对蓝光则吸收少而散射多，因而人们看起来大海与天空一样都是蔚蓝的。其实大海也并不总是蔚蓝的，特别是近岸的海水，更多的时候是呈现蓝绿色、黄绿色，甚至是棕黄色。

蔚蓝的大海

使用水色计测定海水的水色

海水之所以会呈现不同的颜色，主要由海水的光学性质以及海水中颗粒状悬浮物的颜色与多少等因素所决定。在热带的大洋中，海水是洁净的，水深且颗粒悬浮物很少，因而在阳光照耀下海水总是湛蓝湛蓝的。若海水中悬浮有泥沙等颗粒物，由于泥沙呈棕黄色乃至黑褐色，根据含泥沙量的不同，海水可呈现黄色、棕黄色乃至褐色。海水中生存有大量的浮游微藻类，由于微藻的种类及其色泽不同，海水可呈现绿色、黄绿色、黄褐色、棕红色，甚至是红色。人们常说的赤潮，就是由于水中含有大量赤潮生物而使海水呈现红色（或黄褐色），赤潮也是因此而得名的。此外，海水的颜色还要受天空中的云层高度、云层色泽、光照强度、太阳高度等因素的影响。例如，当天空晴朗时海水本来还是十分悦目的蔚蓝色，一旦阴云密布后海水会立即变为昏暗的墨绿色。

海水水色的测定一般多使用透明度板和水色计。在阳光不能直接照射处将透明度板下沉至透明度一半的深度，由水面上垂直观察透明度板白盘所显示的颜色即为该处海水的水色。水色级别的确定还需要用水色计进行比较，与水色计中系列标准水色管色泽最接近的色级就是该处海水的水色级别。

水色计是由22支长10厘米、直径8毫米的无色玻璃管内封装"弗莱尔水色标准液"组成。标准液是由精制的蓝、黄、褐3色溶液按不同比例配置而成，由蓝色逐渐过渡到褐色，共分为21个色级：1号为蓝色，21号为褐色，中间则依次为深浅不同的天蓝色、蓝绿色、绿色、黄绿色、黄色、棕黄色、黄褐色、红褐色、棕褐色，按色泽变化规律依次排列。

6. 海水的冰点、酸碱度、溶解氧

（1）海水的冰点。海水开始冻结的温度称为海水的冰点。海水的冰点随盐度及水深的不同而改变，盐度增高冰点降低，水深增加冰点下降。例如：在正常压力下，盐度5的海水冰点为 –0.275℃，盐度15的海水冰点为 –0.81℃，盐度25的海水冰点为 –1.36℃，盐度33的海水冰点为 –1.81℃，盐度35的海水冰点为 –1.92℃。海水深度每增加100米，冰点下降 –0.08℃。

你知道吗

海水为什么不易结冰

海水的冰点低于淡水，并且随着盐度的增加而降低。当海水表面趋向于结冰温度时，密度增大，海面海水下沉，引起水的垂直对流，进行混合。表层水开始结冰，析出盐类而使邻近水层的盐度增大，使邻近的海水的冰点再次下降。因此，海洋只有混合均匀，从表层到海底各深度的水温接近冰点时，海面才会凝固结冰。所以，海水不像湖水河水结冰那样容易。

（2）海水的酸碱度(pH 值)。海水的酸碱度又称海水 pH 值。海水中由于含有较多的碱性元素，如钠、钙、镁等，因而正常情况下呈弱碱性，pH 大约为8.1。

海水中含有较多的碱性元素

（3）溶解氧。海水中氧气的含量在 4.6~7.5 毫克/升范围。其含氧量受水温及压力影响较大，水温升高则含氧量减少，压力增大含氧量也减少。由于全球的海洋是相互沟通的，因此自然状态下很少存在不含氧的水团。但黑海却是个例外，

其200米以下的水层中几乎不含氧。黑海由于有几条大河注入，表层水的盐度很低，海水几乎不存在垂直对流的现象，因此表层水中溶解的氧很难达到底层，加之黑海与其他海的沟通又不是特别顺畅，因而底层水极度缺氧。在缺氧的情况下，底层中的嗜硫菌将硫酸盐分解为硫化氢，致使其底层海水略显黑色。黑海也由此而得名。

深层海水的开发前景

在地球的所有水资源中，海水占绝大多数。因此，人类最为关心的一个问题就是如何合理、充分利用海水资源。如今，在一些发达国家，利用深层海水产业已经慢慢发展起来。

在海洋深处，由于受到上部海水的阻挡，所以阳光无法到达，这就导致水中生物远远少于浅层，特别是那些喜阳性的浮游微生物。这种情况必然使海水中有机物的分解速度快于被生物吸收、合成的速度。因此，深层海水中含有非常丰富营养成分，如氮、磷……同时，阳光不能达到海底会使深海水温度较低，但比较干净，所含的有害病菌也是非常少的。

由于深层海水有如此多与众不

深层海水

同的地方，所以人类因地制宜，开始发展最为适合的养殖业。最初，人类对饲养生活在水深300米以下的鱼类是非常头痛的，然而现在人们利用深海水进行养殖，解除了之前的后顾之忧。例如，银大马哈鱼，之前虽然人们进行了很多人工养殖的尝试，但都以失败而告终，但现在它们在深层海水的养殖槽里生活自如。而之前只能在深海中生长的红珊瑚，如今也能在日本深层海水研究所的养殖场里健康地生长。如此种种都显示出了深层海水养殖业的潜力是非常巨大的。

由于深层海水营养丰富，而且有害病菌非常少，所以适合生产健康食品。根据一些资料，我们可以得知，日本高知县每天从深层抽取海水，用来生产豆腐、酱油、咸菜和清酒。人们发现，深海水不仅发酵快，而且制成的食品也是别有一番滋味的。当地一种清酒，叫"土佐深海"，就是利用深层海水为原料而制成的。与其他酒类相比，这种酒的最大特点就是酒中的酵母菌总是活的，口味柔和，为众多女士所喜爱。另外，通过努力，人们还开发了一种水果味的深层海水饮料，由于口味独特，也受到了众多消费者的喜爱。

通过研究发现，深层海水还被用于发电。科学家们曾经做过这样的实验，先使用海洋表面的温暖海水来加热酒精等工作介质，使其蒸发变为气体驱动涡轮发电机，然后用深层海水冷却已蒸发的工作介质，让其循环反复使用。最后，取出深层海水和同量的表层水，就可以发电。然而，这种技术还是存在缺陷的，需要科学家的进一步研究和开发。

综上所述，利用深层海水来发展经济已经成为一种趋势并有望得到非常好的发展，但这还是需要人类各方面努力的。

海洋冰山和海底淡水

随着社会经济的不断发展、人口的不断增加以及水污染加剧，陆地淡水资源越来越无法满足人类的需求。冰山是巨大的淡水资源，海洋中的绝大多数冰山都是从南极冰

爱琴海海域

严重缺水导致地面龟裂

盖上分裂出来的。在海洋上漂浮的那些冰山有非常大的储水量。然而如何将冰川化为淡水并为人类服务是一个难以解决的问题。

海床中也有丰富的淡水资源。例如，在福建南部古雷半岛东面的菜屿岛，在这个岛不远的地方有个奇异的淡水区，叫"玉带泉"；在美国佛罗里达州和古巴之间也有一个圆形淡水区，无论是水色还是温度，与周围都有区别，所以人称"淡水井"。当然，关于开采海底淡水资源，国外是有一些成功经验的。例如，美国夏威夷利用遥感技术，在海底发现多处淡水露头，解决了

夏威夷火奴鲁鲁市的淡水不足问题；希腊在爱琴海海域，打出多处淡水井，缓解了当地的干旱问题。

所谓海底淡水是指自然界贮存于海底之下、具有较大空隙度的地层或构造中的淡水资源，及其沿着这些含水地层或构造在海底的出口喷涌而成的海底淡水泉或渗泄而成的弥散型海底淡水泉。其实海底淡水资源的生成、聚集和保存是需要一定条件的，尤其是地质条件。原生的地表淡水需运移、过滤、储存到海底的盖层地区才能保存，因为这些盖层地区有一定的保护作用。与陆棚边缘相比，新生代近岸区海

平面不断发生变化，这个过程为河口海底淡水的形成创造了良好的条件。当然，淡水短缺问题已经是属于全球性的问题，各个国家都在为此付出自己的努力。

经过20年的研究，苏联地理学家里沃维奇得出结论：全球年降雨量有很大一部分降到海洋里，也就是与海水相混合，而其余的部分里又有一部分被太阳蒸发，回到大气中。海底淡水资源的生成、聚集和保存需要一定的地质条件，只有很少一部分淡水或者处在地表的河流湖泊里，或者流入地下成为补充的地下水。而所有这些水有很大一部分并没有参与其他方面，而是直接流入大海，也有一部分储存在人口稀少的地区，真正为人类所用的并不多。由于淡水资源严重缺乏，分布又不均匀，所以，目前世界上有很多国家和地区正面临缺水的困境，问题相当严重。

当然，国民经济的发展和人民生活都离不开淡水。其中使用淡水最多的就是农业，另外工业的发展也需要水资源做支撑。同样，人的生活需要大量的水。所以，节约用水是非常必要的。

在世界上的一些干旱地区，水资源严重缺乏。历史上，很多国家因为淡水资源而引发冲突，甚至还引起了战争。从这一方面，我们就能看出，如果没有淡水资源，一个国家是无法发展的。

第二节 打开海洋"生命之泉"

苦咸海水变甘泉：海水淡化

虽然从表面上来看，海水在地球上所占的总量非常多，但是由于其无法被人类食用，所以无法引起人类的重视。

随着经济的不断发展和人口的不断增加，人类所需要的水资源越来越多。虽然现在的供水量比以前增加了不少，但其仍然无法满足人类的需求。

海水淡化设备

你知道吗

以色列海水淡化的现状

2000年，以色列当局决策者开始研究制订海水淡化发展规划，准备在地中海沿岸发展大规模海水淡化项目，与此同时在当地的内陆盆地进行苦咸水淡化系统的发展。2005年8月当时世界最大的海水淡化厂——阿什科隆海水淡化厂建成投产。随后由于全球气候变化，以色列年降雨量直线下降，原来作为重要战略水源地的加利利湖发生枯竭，开始无法满足以色列日益增长的居民饮用水、工农业用水需求。此时，以色列政府通过多次扩建海水淡化厂缓解了以色列供水局势的燃眉之急，解决了整个南部地区和部分北方地区的供水问题。至此，

以色列政府下定决心开始大力建设海水淡化厂，大规模地向海洋要淡水，规划了五大海水淡化厂：巴玛汗姆海水淡化厂、阿什科隆海水淡化厂、海德拉海水淡化厂、索莱克海水淡化厂和阿什杜德海水淡化厂。

在1979年联合国水利会议上，有人大声疾呼："水在不久以后，将成为一个严重的社会危机！"的确，水资源短缺必然威胁人类各个方面的发展。为什么地球上大部分为水域面积，但是却又面临水危机呢？这当然是有原因的。所存在的这些水大部分都是海水，由于海水含盐太多，不仅不能为人食用，而且也不能用于土地灌溉。如果人类不慎食用了海水，不但不能解渴，反而会渴得更加厉害。当含盐分的水进入体内，随即从肾脏变成尿排出体外，然而人体肾脏排泄盐的功能是有限的，所以如果所喝的水盐度过高，不仅会引起口渴，而且生理上要求补充淡水把留存体内的盐水稀释。如果得不到及时解决，可能会出现脱水的现象，甚至还会引发抽搐、耳聋、视觉模糊、精神紊乱甚至死亡。这是得不偿失的。

如何才能让海水被人类正常的使用呢？当然，这需要海水淡化。

所谓海水淡化就是去掉海水中过多的盐分。早在16世纪，人类就想出通过海水淡化的办法来使用海水。当时，英国女皇颁布一道嘉奖令，谁能想出廉价的海水淡化办法，可以得1万英镑的奖赏。当然，过了接近400年，仍没有人拿到这笔奖金。为什么会这样呢？原来困难的不是海水淡化办法，最困难的是没有廉价的方法。

海水淡化需要廉价的方法

1606年，西班牙船工用蒸馏器在大帆船上提炼出了淡水，开创了人工淡化海水的先例。在日常生活中，我们所需要的饮用水含有人体需要的硫酸钾、硫酸镁、碳酸氢钠等微量元素。然而，蒸馏出来的水成分过于单一，如果长久被人饮用，必然会有害身体健康。所以，当船员在出行的时候都会带上充足的饮用水。

如今，淡化海水最普遍的方法就是采用低温蒸馏法。众所周知，高山上煮东西，压力小，不到

100℃就能开了。所以如果再把气压降低一些，水沸腾的温度会更低。

另外，如果把行船的废气废热用在低温蒸馏机上，就能得到廉价的淡水。另外，还有一些其他的海水淡化方法，如电渗析法、反渗析法、冷冻法……在所有的这些方法中，最普遍的是低温蒸馏法。而日本主要用反渗析法，通过反复试验，这种方法可以获得较为廉价的淡水。

当然这个"廉价"只是相对过去而言。与自来水公司提供的水相比，它还是比较贵的。所以，这仍没有达到英国女皇制定的标准。

其实，人们并不是闲着没事去进行海水淡化，而是因为实在没有水，被水逼得才这样做。例如，中东地区的科威特和沙特阿拉伯，由于气候炎热，干旱缺水，地形以沙丘和沙漠为主，水资源短缺使人们生活困难，工业发展落后，为了有所发展，过去只好靠船载车拉，到国外去运水，如今已建起了许多淡化工厂，并将淡化的水储存在水塔之中，保证居民的用水，缓解了水资源短缺的情况。

源源铀素海水取：海水提铀

众所周知，杀伤力最大的武器就是原子弹，它有多种破坏因素，如冲击波、光辐射和放射性污染……它威慑力特别大，让人感到害怕。它里面究竟是什么材质让其有如此大的威力，原来是铀。而具有很大

中东地区的沙漠

推动力量的核潜艇是用什么做燃料呢？当然还是铀。铀裂变时能释放出巨大的能量。随着核武器和和平利用原子工业的飞速发展，人类对铀的需要越来越大。然而，陆地上铀的贮量是非常少的，而海水里含铀浓度虽然不高，但海水极多，铀的总量非常大。鉴于此，人类开始想办法从海水中提炼铀为人类造福。对海水中铀的研究，可以追溯到1935年，当时有人测定海水中的含铀量，但没有方法从海水中提取这含量极稀的铀。到20世纪70年代能源危机日趋严重，铀价上涨，铀生产国限制输出，那些缺铀国家，迫切希望扩大铀的来源，所以开始重视海水提铀的研究。为此，许多国家成立了研究机构，制定了研究

规划，采取了实际步骤，大力研究海水提铀的系统工程。

然而，海水提铀也不是那么容易的，它面临着很多困难，如水中含量太稀，提铀成本过高……所以，针对这些问题，人们提出了富集铀的办法。经过研究，科学家发现一种萃取法，即以磷酸二丁酯作萃取剂，在旋转的圆形柱中与酸化的海水接触进行抽铀，每20升海水可获60微克铀。虽然，这种方法有很大的可行性，但是由于溶剂耗费太大，生产困难，所以并没有引起人们的重视。后来还研究了其他一些方法，如起泡分离法、生物富集法、吸附法……这些都可以使水中微量的铀富集起来，然而也存在很多问题的，如技术复杂、成本过高、

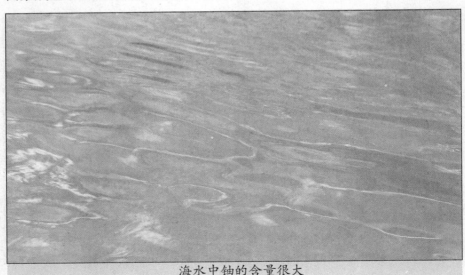

海水中铀的含量很大

机械强度不够、条件不成熟。相信通过努力，海水提铀工业化目标一定会顺利实现。

洁白食盐海水生：海水制盐

盐是人体正常运转的必要条件。人只有每天吃盐，才能维持体液的正常盐分。医学资料显示：人的血清中含盐0.9%。所以浓度为0.9%的盐水叫作生理盐水，在人们挂吊瓶的时候所注射的就是这种生理盐水。健康人每天需要补充10～12克盐。当然，盐对人体的新陈代谢有着非常重要的作用。另外，胃液中盐酸的生成也离不开盐，盐酸不仅有助于消化，而且还能杀菌，它能杀死随食物进入胃里的细菌。因此食盐对人体正常的生理活动是非常重要的，也是非常必要的。

在古代，由于技术落后，所以

海水煮盐

即使是在含盐丰富的大海，人们仍然没有盐吃。而在那些离海较远的内陆地区，盐就是"宝"。在公元6世纪的撒哈拉南部，50克食盐可换50克白金。可见，盐是多么的贵重。而阿比西尼亚曾以盐砖作通用货币，用盐换奴隶。在古代，当国王就餐的时候，盐必须放在他的面前，而其他成员，只有王公贵族，才能坐在盐的附近，从这个方面来说，盐成了区分人的地位身份的重要标志。另外，还有一些国家用盐支付工资，如古罗马士兵领饷就是领盐。另外，古代人们随身带着一包盐，驱邪压惊，如同护身符，如果遭遇不幸，就轻轻呼唤："我要吃盐，我要吃盐。"如果不小心把盐罐子打碎了，就认为有坏事要发生了，是不祥之兆。在今天我们看来，这些情况真是不可思议。

你知道吗

传统的制盐工艺流程

第一步：用耙子、刮板将滩场上晒好的盐碱土刮起、堆积。第二步：使人共用大筐将碱土抬到涝囤里用以淋成浆，俗称"头浆"。涝囤用土堆成，底坑用秫秸结成的檩子铺垫。第三步：涨潮时将浆沟里的海水引到泸里备用。第四步：用坑子将泸里的海

水抬到涝囤，拎起头浆卤水，用地槽沟引到存卤池。第五步：再用玩子将头浆卤水抬到晒盐池，晒盐池用鹅卵石、青石板铺成，七、八、九三个月晒盐。第六步：盐晒好，用竹筐抬到灶上存放。

当然，很多人也许会说"在我印象中，盐从来就没贵过。"的确，由于现在的工业比较发达，所以可以从海中提取大量的盐，盐的价格也就便宜了。无论如何，我们还要把盐看作是宝，不能因为它多就轻视它。因为无论是对人类还是对一个国家，盐是必要物品。

如今，太阳蒸发法是从海水中取盐的最普遍方法，其基本步骤是：先把海水引入盐田，然后经过日晒风吹，盐分不断加大，最后变成苦卤，苦卤再晒，排除氧化铁、硫酸钙之类的杂质，析出盐分，使之成为氯化钠结晶，此时海盐就形成了。另

海水晒盐

外还可采用一些其他的方法，如苏联、瑞典采用冷冻法，而日本由于没有好的温度和降雨条件，所以主要采用电渗析法。冷冻法和电渗析法不仅是海水淡化的方法，而且也是海水制盐的方法，在这个过程中，淡化海水和制盐这两个任务都能完成，能够取得很好的经济效益。

我国海域辽阔，不仅有大量土地可以开辟为盐田，而且气候也适合晒盐，特别是渤海、黄海沿岸，由于其降雨量少，蒸发量大，所以特别有利于生产食盐。

其实，我国有悠久的用海水来生产食盐的历史。据一些史料记载，在公元前4000多年夙沙氏就教人民煮海水为盐。另外，从福建省发掘出土的古物中有熬盐工具，这说明在仰韶时期，当地已用海水煮盐。另外，在春秋时期，作为齐桓公的宰相，管仲专设了盐官煮盐。到明朝永乐年间，人们开始废锅灶，建盐田，改火煮为日晒。总之，制盐方法在逐步改进。

在过去，我国多使用涨潮纳水、人工扒盐、手推车运等老办法来制盐，导致盐民非常辛苦。如今随着工业生产的不断发展，电力机械扬水，收盐机扒盐，水力管道运输，不仅增加了产量，而且还带动了经济的发展。另外，我们还在盐场新

建了一批化工厂，生产产品，如氯化钾、氯化镁、芒硝、溴素……总之，效果非常明显。

热冷海水孕育电：海水发电

关于海水发电，或许你会存在很多疑问，如海水中有电吗？这些电来自何处？能用来照明、开机器吗……

其实这里我们所说的海水中的电，与电鳐、电鳗等海洋生物所发出的电以及开采海下石油、天然气燃烧发的电不同，它是海水运动所产生的能量转换来的电。海水中的电不仅可以照明，使机器运转，而且最主要的优点是廉价，而且丰富。

如果你去过海边，肯定对海浪拍打沙滩感到特别惊奇，心想：海水每天都这样运动，它不累吗？它的这种劲头儿是从哪里来的呢？同时，如果你仔细观察的话还会发现海边的岩石已经是千疮百孔。可见海浪有着非常大的威力。

海水运动包括水平运动和升降运动，海浪冲击只是水平运动，然而，它却有着惊人的能量。可见升降运动所产生的能量更让人震惊。之前我们提到过潮汐能，它可以用来发电，而且储量是非常丰富的，可谓

潮汐能水电站

用之不竭。

在热带海区，由于太阳直射，所以大部分的太阳能都被海水所吸收，海面温度也非常高，然而，稍微往下，海水温度就会降得很低，在这个温度差之间也会有很大的能量。

法国物理学家德阿松瓦是第一个提出温差发电方案的人，而克劳德和布射罗是第一次用事实证明可以发电人，他们两个都是德阿松瓦的学生。

1926 年 11 月 15 日，在法兰西科学院大厅里，在场人的目光都集中到试验台两个烧瓶和连着一圈电线的小灯泡上。左边的烧瓶里放入冰块，并保持在 0℃。当克劳德开动真空泵抽水机抽出右边烧瓶中的空气时，温水沸腾，水蒸气吹动涡轮机旋转并带动发电机发电。一瞬间 3 个小灯泡同时发出耀眼的光芒，温差发电成功了。

为什么真空泵抽出烧瓶内的空

气，温水就沸腾起来了呢？这是因为开动真空泵后，瓶里气压变低，水的沸点也会慢慢地变低。实验表明：当水的压力只有大气压的1/25时，水的沸点只有28℃，水便迅速变为蒸汽。而高速的蒸汽推动涡轮机转动，涡轮机又带动发电机，最终就会有电产生。通过涡轮机的蒸汽进入左边的瓶子后，被瓶内冰块冷却而凝结成水，所以右边瓶中始终保持低压，水也不断汽化。虽然

实验很小，但是却能说明一些问题，那就是海水温差可以发电。1930年，克劳德在古巴建立了世界上第一座水温差发电站，这给其他国家带来了启示。

其实，海水的珍贵远不在于此。到目前为止，已知的海水元素有80多种，但其提取成本过大，难度也非常大，这还需要人类的继续研究和努力。

第四章
大海的呼唤：保护海洋资源

　　21世纪是海洋被大规模开发和大肆污染的世纪，海洋奉献给人类的是"珠宝"，人类回报海洋的却是"粪土"。人们必须树立保护海洋和减少海洋污染的忧患意识，必须走海洋开发与海洋保护并重，海洋资源利用与海洋环境污染治理并行的可持续发展与生存之路。海洋是生命的摇篮，是孕育宇宙万物生长的地方，让我们试着走进这片圣地，铸造健康的蓝色辉煌，造福人类。

第一节　珍惜海洋资源

 请勿过度索取

原始的资源种群自身有一种维持平衡的调节能力。这些资源种群如果被适当地开发利用必然可以再生。如果捕捞量超过种群本身的自然增长能力，必然会导致资源量下降，不仅表现在总渔获量、单位捕捞力量和渔获量随捕捞力量的增加而减少，而且还可以使捕捞对象的自然补充量也不断下降，最终导致资源枯竭，影响人民生活水平和经济的发展。

所谓过度捕捞是指对资源种群的捕捞死亡率超过其自然生长率，从而降低种群产生最大持续产量长期能力的行为或现象。按照性质不同，对过度捕捞进行划分，可以分为生物学过度捕捞和经济学过度捕捞。经济学过度捕捞主要是考虑捕捞成本，而生物学过度捕捞通常可以分为三类，即生长型过度捕捞、补充型过度捕捞和生态系统过度捕捞。下面就以鱼类为例对这三种类型进行详细说明。

所谓生长型过度捕捞是指鱼类尚未长到合理大小就被捕捞，从而限制了鱼群产生单位补充最大产量的能力，最终导致总产量下降的现象。解决生长型过度捕捞的关键是降低捕捞死亡率和提高初捕年龄。

鱼群

所谓补充型过度捕捞是指由于对亲体的捕捞压力过大，导致资源种群的繁殖能力下降，从而造成补充量不足的现象。要想使已捕捞过度的资源种群恢复到可持续水平，则需要合理增加产卵群体的生物量。

生长型过度捕捞和补充型过度捕捞是指开发利用的资源种群因盲目加大捕捞力量和缩小网目孔径而导致的过度捕捞，主要表现为渔业对象产量和单位捕捞力量渔获量的下降，而这与生态系统过度捕捞有着非常密切的关系。

生态系统过度捕捞是指过度捕捞改变了生态系统的平衡，大型捕食者的数量减小，小型饵料鱼的数量增加，最终使生态系统中的物种向小型化发展，降低了平均营养等级的现象。

渔业优先捕捞的对象是那些个体大、经济价值高、位于食物网上层的肉食性鱼类，如果由于它们被过度捕捞而导致数量不断减少，人们就会把捕捞对象逐渐转向个体相对较小、营养级较低的物种。如果这些物种也出现了短缺的现象，则价值更低、个体更小、营养级更低的物种就会成为渔业的对象。所以就出现了沿食物网向下捕捞的现象，由于兼捕和渔具、渔法都严重损害生存环境和生态系统，所以这必须引起我们的重视，下面我们就对其进行详细讨论。

即使在过去一段时间里，世界海洋渔业捕捞量有了很大的提高，但是从 20 世纪 80 年代开始捕捞量有了明显的下降，其中衰退最为突出的是传统渔业。

你知道吗

鳕鱼资源在枯竭

鳕鱼是鳕科鱼类及鳕形目其他科部分鱼类的统称，是主要食用鱼类之一。鳕鱼原产于从北欧至加拿大及美国东部的北大西洋寒冷水域。21 世纪初，鳕鱼主要出产国是加拿大、冰岛、挪威及俄罗斯，日本产地主要在北海道。但由于过度捕捞，鳕鱼已被列入濒危鱼种，捞捕量被严格限制。

远洋捕捞

高强度捕捞必然会造成大多数高等级鱼类的数量急剧下降，最终出现渔业资源减少的局面。例如，

从 20 世纪 70 年代开始，大西洋西部的金枪鱼的产卵群不断减少，而这种情况也同时发生在了墨西哥湾。从 20 世纪 90 年代开始，加拿大东部纽芬兰大浅滩的鳕鱼资源由于过度短缺，几乎不能形成渔业，虽然人类对这种情况作了一番努力，但是情况并没有好转。而鳕鱼作为乔治浅滩传统捕捞对象也是一直处于下降趋势。另外，在我国，一些传统渔业对象也因为人类过度捕捞而导致种类和数量都不断下降。根据 1995 年联合国粮农组织提供的报告，我们可以得知世界上大部分海洋鱼类资源处于过度捕捞的状态，情况非常严重。

同时过度捕捞还体现在过度捕捞渔业对象逐渐转向营养级次较低的、个体较小的种类。相关资料显示，在 20 世纪 60 年代，黑海的商业性捕捞鱼类共有 26 种，而且很多种是大型捕食者，但是由于过度捕捞，目前只有 5 种较小的鱼类是可供商业性捕捞的种类。另外，南极的商业性捕鲸导致鲸的数量急剧下降，但却使以南极磷虾为食物的动物数量增加了。在 20 世纪 50 ~ 60 年代，我国东海、黄海主要的捕捞对象是底层鱼类，如带鱼、小黄鱼……而 70 年代初以中上层鱼类为主，如太平洋鲱鱼，随后是蓝点马鲛和鲐鱼，

到 80 ~ 90 年代主要是一些小型中上层鱼类，如黄鲫、鳀鱼……由于这些小型中上层种类处于较低的营养级次，生物量明显高于以底层鱼类为主的群落，所以近海渔获物的平均营养级降低了，而生态系统也遭到了严重的破坏。

当然，这种渔捞对象的转变并不能说明很大的问题，但有一点可以明白，那就是它反映了海洋生态系统接近顶级的种类减少了，群落结构产生了变化，同时也引起浮游生物群落和底栖生物群落种类组成和数量比例的改变，群落的营养结构也发生了相应的变化。另外，由于中上层鱼类和小型种类成为新的捕捞对象，而且它们的资源量变化比较大，所以一旦环境发生了变化，它们也会作出相应的改变。所以，之后的渔业产量能否增加还有待观察。

另外，人类过度利用海洋生物资源还带来了那些珍贵物种的灭绝。人类为了获取利润，大量捕杀海洋哺乳动物，最终导致这些物种的数量不断减少。世界上体形最大的动物是鲸，鲸皮、鲸骨和脂肪都是稀有物品，所以价格昂贵。人类为了取得经济收入，所以大量捕杀鲸。为了避免鲸类的灭绝，在很多年前，国际捕鲸委员会就提出控制或暂停

捕鲸活动，然而，很多国家并没有遵守，而是以各种借口对鲸进行残害。相关资料显示：1940～1986年，商业性捕鲸者捕杀了大约50万头鲸。例如，与被大量捕杀之前相比，座头鲸、露脊鲸等鲸类数量大大减少。而在19世纪和20世纪60年代，南大洋特里斯坦——达库尼亚群岛周围的露脊鲸出现两次灭绝高峰。其他一些海洋哺乳动物也属濒危物种，如海豹、海狮、海象、海獭和海牛……总之，这些物种都面临着严重的生存困境。

露脊鲸

除此之外，海龟也遭到了人类的过度捕杀，因为它的药用价值特别高，所以很多渔民利用一切机会来捕获海龟。海龟大部分时间都生活在海中，只有成熟后的雌龟每2～4年到海岸筑巢下蛋，因此渔民可以根据海龟的这种习性来捕捉它们。当然，很多居民掏取和捕捉海龟产下的蛋及幼龟，鉴于这种情况，很多国家都出台了相关的保护海龟的法律法规。

同时，人们也过度捕捞很多海洋无脊椎动物。例如，相关资料显示，在地中海和加勒比海大约有15种海绵动物因商业捕捞而遭到毁灭性灾难。而其他的珊瑚或者是海螺被捕捞用来观赏或者是出售。

兼捕是渔业捕捞的伴生物，它指在对渔业对象的捕捞过程中捕获、抛弃或伤害其他海洋生物资源的行为或现象。

渔业捕捞就是利用一定的渔具获取某种渔业对象的过程。其实，所有的渔具都只能捕捞有限的鱼类。所以只要有捕捞存在，就会有兼捕问题存在，只是其程度不同而已。由于兼捕现象与渔业捕捞共同存在，所以随着过度捕捞问题的常态化，兼捕问题也越来越严重，因此，兼捕问题是过度捕捞问题的一种延伸，它使得过度捕捞对生态系统的影响更加严重。

一般情况下，容易受到兼捕的海洋生物是因繁殖或摄食活动而与渔捞对象同时出现在同一区域的种类，以及一些营固、附着生活或行动缓慢的底栖生物。同时，很多兼捕的海洋生物牺牲品是因为受船舶抛弃物所吸引而造成的。

因为外海渔业捕捞的成本非常高，同时渔船上保存渔获物的仓库

容量也是非常有限的，所以那些经济价值低的兼捕物通常被渔民抛弃，然而这些兼捕丢弃物可能会导致取食者的摄食行为的改变，如果严重的话还会破坏生态环境，影响其他生物的生存。

另外，法律上禁止捕捞的物种和个体大小未达法律允许捕捞标准的幼鱼也被囊括在被丢弃的兼捕物中。因为这些渔具的伤害，所以在它们被抛弃之前已经死亡或者是正在死亡。即使是被放还到海洋中也难以继续生存。例如，捕虾作业网具的网孔较小以至于在捕虾时会将许多底层鱼类的成鱼和大量幼鱼一并捕获，最终导致这些生物的兼捕死亡，其中对幼鱼的兼捕往往严重影响资源种群的补充量，使过度捕捞的现象更加严重。

幼鱼

另外，海洋生物还会受被渔民丢弃在海洋中的网具的危害，带来连带性死亡，它也属于兼捕，往往威胁着海洋生物的多样性。

从全球渔业的情况来看，兼捕能够造成严重的海洋渔业资源损失。通过相关资料，我们可以得知，兼捕量通常占到渔获物总量的25％～40％，这个数字是非常惊人的。

海底的沉积物并不是单一的，它是各种非生物成分、生物成分以及生物活动相结合的产物。很多海底结构是人类无法直接用肉眼观察到的，然而，我们知道海底是各种海洋生物生存的基础，其对它们的生长起着非常重要的作用。

在商业中，很多渔民用底拖网进行作业，这对海洋环境造成了严重的威胁。根据相关资料显示，一个宽20米的捕虾拖网每小时拖5000米，10小时内就可扫遍1平方千米海床，在有些还去，很多捕虾作业每年可横扫同一海床好几遍。可见，海洋生境的破坏情况是非常严重的。然而，这里应当指出的是，一旦底栖环境遭到破坏，其自然恢复过程是非常缓慢的，所以我们应当认识到这种危害。另外，拖网不仅直接影响与其接触的目标和非目标生物，它还会干扰海床，卷起沉积物,造成海床自然条件发生变化，最终使底栖生物的生存环境遭到严重的破坏。另外，底拖网也干扰了

底拖网

海底生物地球化学过程,如碳固定、营养物质循环、碎屑分解作用和营养物质重新释放回到水层……

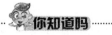

鲸的悲惨命运

捕鲸曾经是人类破坏海洋资源最严重的记录。由于鲸油可以食用,鲸肉象小牛肉一样鲜美,鲸皮可以制革,鲸的肝脏可以制作鱼肝油,所以在以石油为原料的化工兴起之前,鲸成为一种重要的工业原料的来源。20世纪初捕鲸业的兴旺给世界鲸类资源带来了灭顶之灾。早期的捕鲸船使用风帆作动力，猎手们手持带倒钩的长矛刺中鲸背。然后，任由鲸挣扎到筋疲力尽。然后用粗绳捆住鲸的尾鳍，把它们拖上船来，屠宰加工。现在，国际社会已经通过了保护鲸类资源的国际公约。鲸也得到了很好的保护。

从某个方面来说，过度捕捞底层渔业资源已导致传统捕捞区域和捕捞对象的资源严重衰退。面对这种情况，很多渔民把底拖作业带入新海区。当然，随着拖网船只、船舶马力增加和作业区的增大，拖网作业会严重影响生态环境。所以，

其破坏程度不仅进一步增加，其破坏范围也会越来越大。

另外，为了获取更多的利润，捕捞更多的鱼类，很多渔民采用"炸鱼"或"毒鱼"等野蛮作业方式捕鱼，这是违法的，同时也造成了非常严重的后果。如果人们误食了这些毒鱼，必然会感觉身体不适，影响生命安全。

海洋资源可持续利用

为了保证海洋资源的可持续利用，应依法强化海域使用、海岛保护，加强矿产资源、港口及海上交通、海洋渔业等管理，加大海洋开发利用的执法监察力度，规范海洋开发秩序，使海洋开发利用的规模、强度与海洋资源、环境承载能力相适应，实现和谐发展。关于这一点，国家制定了相关的政策和法律法规，其主要包括以下几个方面：

第一，海域使用管理。要想对海域进行更好的管理，应当制订海域使用总体规划和海岸保护与利用规划，实行海洋功能区划动态管理和规划定期评估制度。根据海洋经济发展规划和国家产业政策，国家应适时适度调控海域使用方向和规模，强化海域使用审批管理，建立健全用海预审制度。实施海域使用动态监视监测和监督工程，开展重点海区海域使用专项整治。建立责任追究制度，对于那些非法占用海域的开发行为进行严惩。

第二，海岛开发保护。这需要制订海岛保护与开发规划，统筹海岛的管理、开发、保护与建设。开展海岛资源调查和评价，需要对居民海岛和重要无居民岛礁环境资源现状和潜力了解得非常清楚。另外，还要加快居民海岛的各种基础设施建设。开发利用新能源，支持海水淡化与综合利用。同时，制定并颁布海岛保护目录，建立无居民海岛有偿使用制度，选划建立海岛特别保护区，开展重点海岛整治和修复。各种相关的政策和法律法规的制定也是非常必要的。

第三，油气矿产资源管理。其管理方便主要包括：加强海洋油气、矿产资源调查、评价与勘探，强化海洋油气、矿产资源开发管理，加

海岛美景

强海上探矿权和采矿权的管理是重点；依法规范海洋矿产资源开发秩序，对于海滨沙矿的开采及规模进行控制，严肃查处各类违规开采行为，坚决制止非法采矿。总之，要采取尽可能多的措施来调查和对工作进行评估。

第四，港口资源配置。根据沿海地区经济发展布局态势和沿海岸线资源状况，优化岸线资源配置，完善港口设施布局，统筹协调各类港口的集装与运输。完善国家、省级沿海港口布局规划。严格审批海岸线，确保港口资源的合理开发和利用，加强保护海岸线资源。在港口密集地区，则要以推进港口资源整合为重点。开展港口岸线资源有偿使用和资产化管理研究，实现最优配置。

你知道吗

港口资源是如何分类的

港口资源由于所处地理位置与本身自然环境不同，其类型较多。按所处的地理位置，分为海岸、岛屿、河口和内河等4大类。其中海岸类按其成因、动力过程与形态的不同，又分为海蚀平直岸型、海蚀外湾型、海蚀内湾型、海蚀海湾岛礁型和沉积海岸型等；岛屿类按其距大陆的远近，分为近陆岛型和海洋岛型；河口类按其地质构造的差别，分为三角江河口型和三角洲河口型。

第五，海洋渔业资源养护。依法加强海洋渔业管理，巩固和完善伏季休渔制度，保护近海渔业资源，合理设置人工鱼礁，加强渔业种苗管理，继续开展人工放流；继续实施渔船控制、限额捕捞、渔船减船和报废制度，稳步实施渔民转产转业工程；加快渔业结构战略性调整，推进海洋渔业现代化进程。重点加强海洋水产品质量安全和海水养殖基地管理，完善海洋水产品质量检测、检疫和防疫体系。

 高效利用海洋资源

在经济观方面主张建立在保护海洋生态环境基础上的经济持续增

海区废弃物

长,改变以追求物质需要为核心的传统消费观念和以牺牲环境为代价的传统发展观念,合理地开发和利用海洋资源,维护海洋资源系统的良性循环,在资源与环境容量可以承受的条件下,满足当代人的需要,而又不对后代人的需要构成危害。

为了可持续地利用海洋资源,发达海洋国家率先提出建立海洋和海岸带综合管理制度。在世界银行、联合国有关组织的支持和推动下,许多国家开始试点推广。1996年,政府间海洋学委员会组织专家对100多个分别处于不同发展水平的国家作了抽样调查,认为它是一个合乎逻辑的框架,有足够的灵活性来满足大部分国家(不是全部的国家)的不同需求。

海洋和海岸带综合管理是一个复杂的难题,涉及制度设计、发展战略和运作体制的调整。随着世界性实践的展开,统筹经济与生态协调发展、陆地与海洋社会协调发展、区域与全球协调发展的思路逐步清晰起来,并总结出海洋可持续发展的三大原则:一是海区生物资源开发利用率不大于资源的更新率;二是海区废弃物和污水入海量不大于海区环境容量;三是沿海地区人口规模不超过沿海地区和海洋生态的承载能力。

在具体措施上,沿海国纷纷科技兴海,提高用海水平,争取以较低的海洋资源代价得到高效利用,

浅海水产养殖

主要表现在：

第一，通过国家立法、规划、投资和行政措施，强化政府对海洋开发的干预。即科学合理地制定海域功能区划，实施海域有偿使用许可证制度；建立资源环境与发展的综合决策机制；在调整海洋产业布局时，统筹社会、经济、生态效益，从源头上控制海洋资源环境的破坏；兼顾各种海洋产业，深水深用，浅水浅用，在时空上达到对海洋资源的高效利用。

第二，采取正当的养护措施，权衡海洋生物资源的增殖量与捕捞量的关系，创设新型渔业管理制度。例如，规定鱼汛和渔区，限制可使用渔船和渔具的大小和数量，确定可捕鱼类和渔获量限额，向渔民发放渔业许可证。在特定海区实行禁渔区、禁渔期和休渔期，禁止在近岸进行底拖网，限定网具种类和网目大小，防止捕捞过度，保护某些捕捞对象的繁殖或育肥。在涉及其他国家的鱼种和鱼群问题上，建立同有关国家和国际组织合作的机制。

第三，科学合理地利用滩涂和浅海的可养殖海域，发展高效、低污染的规模化养殖模式，推广无公害养殖。例如，发展海水养殖生物病害控制技术，建立从病原的早期诊断、隔离和杀灭、宿主的日常保健、

免疫力和抗病力的不断提高，到养殖环境的卫生与净化、污染的控制和治理等一系列保证养殖生物健康的综合防治体系。探索从沿海岸养殖向近海甚至公海里养殖的新途径、新技术。

第四，防止、减轻和控制人类活动对海洋环境的污染损害，防止海洋生态环境退化；环境保护应由以污染防治为主，转变为预防、监测和治理全过程管理，资源与环境综合管理。

这些开发利用海洋资源的手段，体现海洋经济增长的持续性、海洋生态的持续性以及社会效益的持续性相统一，终极目的是人的生存和发展。

 合理维护海洋权益

在价值观方面，联合国环境规划署曾把 2004 年 6 月 5 日第 33 个世界环境日宣传的主题确定为"海洋兴亡，匹夫有责"。

海洋对于人类主要有两方面的作用：一是调节气候，造成一个适合于人类生存的自然环境，如海洋这一庞大水体，每年约蒸发出 45 万平方千米的水汽，以降水的形式回到地表；另一方面，海洋向人类提

供所需要的一切资源，成为人类的资源宝库，因而海洋直接影响着人类的生息繁衍。为了满足急剧增长的人口生存需要，克服陆地资源、能源日益减少的矛盾，必须发展新资源和新能源供应地，而广阔的海洋则是一个巨大的聚宝盆。当前，世界各国已把注意力从陆地转向海洋，向海洋索要食品、资源、能源，索要人类居住和活动的空间。

亿万年来，古老的海洋在年轻的人类面前一直是个无边无际、深邃无底的谜。然而，自15～16世纪哥伦布的地理大发现后，人们发现海洋不仅是连接五大洲的通途，而且是为人类带来巨大财富的资源宝库。从那时起，人类对海洋的争夺无休无止、愈演愈烈，维权与争权、正义与非正义的斗争，形成了一部海洋政治斗争史。人类海洋斗争的核心是海权问题。海权即一定海区的控制权，这是人类一切有关海洋的对抗活动的焦点之一，也是理解海洋问题的关键。

早在2000～2500年前，伯利克、狄米斯托利克、色诺芬和西塞罗等人就意识到对海洋的控制可带来巨大的战略效益。他们提出了"谁控制了海洋，谁就控制了世界"的名言。殖民地时代到来之后，英国

广阔的海洋

殖民主义者瓦特·罗列根据葡萄牙、西班牙、英国、法国海上争霸的事实，进一步指出"谁控制了海洋，谁就控制了贸易，因而也控制了世界本身"。他把海权和贸易连在一起，并且上升到世界战略高度。19世纪末，近代海权论的奠基人，美国海军军官阿尔弗雷德·塞耶·马汉潜心研究海洋斗争史，提出了著名的"海权论"，构建了完整的海权理论体系。其主要观点是：第一，对海洋的控制权决定国家的根本命运，"海权是统治世界的决定因素"。第二，海权依赖于海权体系，海权体系包括拥有进入世界主要海洋的地理条件，在本国沿海港口开辟的海上后勤基地，一支现代化商船队，一支强大的海军和分布在主要航线上的据点，还包括广阔的领土、人口、资源和经济实力。第三，海军在国力中占第一位，海军是执行国家政策的工具，拥有强大的海军才能国运昌盛，在战争中立于不败之地，在国际舞台上才能占据主导地位。第四，海军的战略任务是击败敌人的海军，争夺制海权。马汉的理论是对以往许多年列强海上争霸历史的总结，深刻揭示了海权的本质。它为后来的列强海上争霸提供了理论指南，同时也为其他国家开展海上活动提供了借鉴和思考，其

影响一直延续至今。马汉之后，世界上再未产生这样的海权理论大师，但人类对海洋和海权问题的探索并未停止。

合理维护海洋权益

当今时代的海权较之马汉时代的海权有了明显的发展和变化，主要体现在以下两方面：第一，海权的价值构成多元化，地位上升。在马汉时代，海权主要由海洋的通道价值支撑，即通过控制和利用海洋进行海外扩张，开展海上贸易，实现对陆地的控制。可以说是"海权之意不在海"。当今海权的价值构成包括了通道价值和资源价值，控制海洋本身已成为目的。20世纪70年代以后，科学技术的进步，开始认识到海洋本身巨大的资源价值和开发前景，把海洋本身当成是国家和民族寻求生存与发展的战略基地。

第二，海权的目标构成更加丰富，控制标准多元化。现代海权实质是控制广阔的利益海区，具体包括海域控制权、岛屿控制权、海洋资源控制权和海洋通道控制权。传统海权谋求占有殖民地的目标已被时代所摒弃。出现了对海洋的分割，随着海洋的第四次分割，现代海权得以完善和体现。

海洋权益是指国家在海洋事务中依法享有的权利和可获得的利益总称。一般包括两方面内容：一方面是指现实的权利和利益；另一方面是指潜在的、将来可能获得的权利和利益。海洋权益主要包括领土主权、司法管辖权、海洋资源开发权、海洋空间利用权、海洋污染管辖权以及海洋科学研究权等。21世纪是"海洋世纪"，它既代表经济发展，也孕育着激烈的斗争，成为海洋争夺的一个热点。向海洋进军已成为濒海国家的基本国策，这也就激起了国家间更广泛和复杂的海洋权益斗争，使国际对海洋的争夺已从"争海制陆"为主发展到"争海取海"为主的新时期。其主要表现在：第一，争夺管辖海域，许多沿海国家单方面扩大管辖海域范围，提出划界要求；第二，争夺海洋资源，凭借海洋高科技力量掠夺别国资源和开采公海海底资源；第

三，争夺和控制国际海上通道和战略海域，在战时为自己的战略利益服务；第四，争夺远海岛礁，无理提出主权要求，企图纳入本国的版图，从而扩大海洋国土面积。由此，海洋资源的掠夺与反掠夺、海洋权益的侵占与反侵占，成为现代国际海洋斗争的主要形式、成为世界战略环境中的特点。

海岛礁

海洋权益合法性的基本依据是国际海洋法，即通常所说的海洋法。1982年通过、1994年11月16日正式生效的《联合国海洋法公约》是人类历史上第一部涵盖最广泛、内容最丰富的海洋法典。这部国际大法对国家在各海洋空间的权利和义务进行了全面、明确地规范，为建立合理、公正的国际海洋新秩序起到了重要的推动作用。《联合国海洋法公约》生效以来的这段时间，是世界范围内海洋事业迅猛发展，也是以资源为核心，各国竞争众多自身海洋权益日益激烈的一段时间。

海洋事业迅猛发展

国家间的双边互动方式首先是建立在领土相关、种族相关、文化相关、利益相关上的，出现了双边互动、多边互动、全球联动等多种国家关系和伦理意蕴。领土相关是国家互动的最古老方式，也是最经常的方式。双边互动的伦理意义体现在国家之间"平等性""互助性"的道德原则的建构与实践上。多边互动的伦理意义体现在国家之间"融合性""规制性"的道德原则的建构与实践上。"融合性"体现在一方可以以另一方为对象开展协作性活动。"规制性"则体现在任何一方均可以在确保公平的前提下展开竞

争。理查德·N.哈斯认为，国际关系领域可以更好地被理解为一个政治、经济和军事市场，在"市场"中时时出现关系多样、变化不断的不确定现象，规制则是要求对外政策在政治、经济、军事领域中寻求建立政府和别的行为体之间更稳定的关系，规制的目的是为了确保公平竞争。

全球化是继现代化之后的人类文明的发展形势和一个新的历史阶段，它是一个人类社会的综合命题，既是一个政治命题，又是一个经济命题，还是一个文化命题。全球化的实质内涵是国家界限的超越与空

间距离的死亡，或者说世界变成了"地球村"，历史走向了"世界历史"，"所有的人第一次开始分享着同一个历史"。从全球化的政治方面看，全球化浪潮中，社会结构、价值观念、生活方式等都会发生很大的变化。全球化使得国际政治日益突现出相关性，国内政治与国际政治的界线日益模糊。政治中的普遍性与共同性如民主、平等明显增加，政治之间的对话与合作大大加强。再从全球化的文化方面看，全球化带给人类文明的巨大变化之一，是各民族国家的文化交流与互动，人们在全球化带来的文化同一性中更重视文化间的相互理解、兼容并处。从经济全球化的角度看，类伦理是一种以人类共同体为整体价值尺度的道德理性，是依照人的类本性、类生

活、类价值的要求所确立的人类活动的终极准则。类伦理在人、社会、国家、国际、全球的类关系上蕴涵着人的全部交互关系的整体性统一；在人、社会、国家、国际、全球的发展过程上体现为历史的否定性超越；在人、社会、国家、国际、全球的类活动上达成跨国界、超种族的丰富与和谐。国际伦理的理性法则是社会共有、权利共享、和平共处、价值共创。

第一，国际社会是共有的社会，它既是一个地缘上的资源共有社会，也是一个人作为类的存在上的价值共有社会。前者表征人类社会的共时态特征，后者表征人类社会的正义不可分性的特征。因而，社会共有的共识是解决非传统安全问题的基本价值前提。

国际社会是地缘上的资源共有社会

第二，权利共享表达了人类理性精神处理人类自身事务的基本价值取向，它是正义性基础上的平等性的确立。联合国的实践证明，权利共享既是国际伦理精神的弘扬，也是一种正义加平等的现实国际机制的创设与实现。

第三，和平共处是人类安全的历史祈求，也是解决国际争端的国际法则。和平共处意味着个人与国家权利的切实保障有其必然的条件，意味着非传统安全的战略以和平为起点。

第四，价值共创是国际社会伦理正义的根本体现，也是共优模式战略意义的根本体现。价值共创的最基本行动是行为体对自身责任的承担。

以上四条理性法则构成了国际关系伦理的有序整体：社会共有是价值共创的理念前提，权利共享是价值共创的物质前提，和平共处是价值共创的必要条件，而价值共创在整合前三者的基础上，把人类发展的目标提升到应有的境界。

因此，人与海洋和谐共处，公平分享海洋利益、可持续地利用海洋资源、合理维护海洋权益具有普世的伦理价值。它产生在现代海洋物质文化的基础上，又给海洋物质文化的发展方向予以人文的指导，

对 21 世纪的社会发展和全面进步，势必有越来越大的影响。当前的事实与价值相疏离，海洋利益争夺有增无减，牺牲环境发展的模式并未得到根本性的扭转，但我们不应该失掉信心。海洋世纪最终会定格在既是人类全面开发海洋的世纪，又是海洋和平与健康发展的世纪！

人与海洋和谐共处

 海洋与人类未来

海洋是生命的摇篮，海洋是人类的发祥地。海洋给予了人类"舟楫之便，渔盐之利"，生活之宜，海洋成就了人类进入近代史的步伐，海洋承载着世界经济的物流，提供着越来越多的资源。可是人类在重返海洋中却是一副掠夺的姿态：污染着海洋，破坏着海洋的生态。难

道人类真要在蹂躏陆地之后，再蹂躏海洋，在使陆地资源枯竭之后，再使海洋资源枯竭，在人类还无法转向别的星球之际，把大多数人逼入"上天无路，入地无门"的境地？20世纪60～70年代，人类确实陷入了困惑。就在这时，罗马俱乐部写出了震惊世界的研究报告——《增长的极限》。也正是这个时候，一件在人类发展史上永远值得纪念的事情发生了，这就是知识经济的悄然而至。20世纪中叶以来，以微电子技术为基础的新的科技革命在不断地发展，已经在不断地改变着人类的日常生活、人类的生产、人类的经济，乃至人类的社会关系。21

世纪，根源于知识经济的人类精神，那种追求人与自然的和谐，人与人的合作的人类精神也会使人们改变对海洋的姿态，并把海洋作为整个地球环境、地球生态的一个要件。令人感到振奋的是，海洋实践中发生的姿态转变在整个人类的姿态转变中表现得相当突出和前卫。这使海洋经济成了人类发展史上壮丽一幕的开篇。

人类与海洋相互作用的特殊性质使海洋经济历来比陆地经济有着更大的合作的品质。在人与海洋的相互作用中，有着海洋自然的全球性、流动性、丰富性和人的陆生性的特征。人的陆生性使海洋活动有

海洋是地球生态的一个要件

着比陆地活动更大的风险，要求有更大的实力。仅仅这一点就会使人们产生出合作的渴望，在海洋活动中历来生长着合作团结的文化。从古到今，人们都是用海洋活动中的精诚合作来启发人们的合作精神的，谓之曰"风雨同舟""同舟共济"。不仅如此，在海洋活动中人类本质上的和谐将还有更耀眼的表现。我们知道，在以利益追求为内容的经济活动中，理论经济学历来认为只有产权明晰，才会有资源的效益，才能使资源得以养护和保全。例如，一个公共林地，其中蕴藏着丰富的猎物，如果谁都可以进入狩猎，林中的野生动物就会很快消失殆尽。如果把林地的产权交给某一个人，他就会用卖门票来限制进入狩猎的人数。守林人在使他的门票收入达到最高时，也就使林中的猎物得到了最好的养护，而猎户们也因此有了稳定的、较好的收入。正是基于这种考虑，《联合国海洋法公约》确定了12海里领海制度，200海里的经济专属区制度，不超过350海里的大陆架制度等。但海洋自然是具有流动性和全球性的，海洋自然终究是一个无法彻底私人化的资源。在海洋权属明确的范围内，无法将

产权进一步明晰到每一个个人身上；在国与国之间，无法为流动的海水的健康、跨界洄游的鱼类提供一个制度保障。这就迫使人们去寻求人与人的合作，以合作的制度去求得资源的保全、养护，去求得利益的增进。因此，在人类合作的理性选择中，知识创新所需要的心灵的相互激荡、启发、共鸣，是合作理性在主观方面的自然基础，而海洋则是合作理性在客观方面的自然基础。海洋经济便因此而成为人类发展史上新的一幕的开篇。

因此，在21世纪，海洋早已不是一个可以取之不尽的自然富源，因为在由高新技术武装起来的生产力面前，海洋已经变得脆弱，尤其是它的生物资源，我们看到一个接一个鱼种遭破坏的事实。21世纪的海洋也不能只是一个有待于持续开发的资源库，它也需要人类予以收获、照料和爱护。而这里的每一个进步，只有在人类的合作中才能实现。寻求和建立各种范围、各种层次、各种形式的合作，在合作中照料海洋，在照料海洋中保全和善护整个地球环境。这就是21世纪人类和海洋的关系。

117

第二节　让我们行动起来

不要随意在海滩和海底采沙

　　在海洋生态系统中有一个非常重要的组成部分，那就是海岛，海岛不仅有丰富的生物资源，而且适合发展旅游业，设置港口，不仅可以走出去，还可以引进来，为我国国民经济的发展提供了便利。我国海岛众多，可是在很多岛上并没有人居住，但有很大的开发利用价值。随着海岛经济的迅速发展，在开发和利用海岛的活动中出现了很多问题，例如，不同行业和企业的用岛纠纷逐渐增多；海岛的开发和利用随意性大，很多人擅自挖石、采沙、从事养殖活动；一些单位和个人的海岛国有意识不强，圈占海岛的现象非常多……如此种

种都威胁着海岛的开发和利用。所以，在保护海岛的同时，所有的人都应当尽一份绵薄之力，坚决与破坏海岛的行为做斗争。

风光旖旎的海滩

你知道吗

丰富的海岛资源

　　全球岛屿总数达5万个以上，总面积约为997万平方千米，大小几乎和我国面积相当，约占全

球陆地总面积的 1/15。从地理分布情况看，世界七大洲都有岛屿。其中北美洲岛屿面积最大，达 410 万平方千米，占该洲面积的 20.37%；南极洲岛屿面积最小，才 7 万平方千米，只占该洲面积的 0.5%。南美洲最大的岛是位于南美大陆最南端的火地岛，为阿根廷和智利两国所有，面积 48 400 平方千米；南极洲最大的岛屿是位于别林斯高晋海域的亚历山大岛，面积 43 200 平方千米。

相信在很多的沿海岛屿中，海沙资源是无穷无尽的。然而，如果对其进行不合理的开发和利用，必然也会带来一系列的问题。如果浅海附近的厚层沙滩被挖掉，处于动力平衡状态下的水下岸坡就会运动、塌陷，最终引起海岸的侵蚀，进而造成海滩逐渐消失，礁石出现；如果不确定采砂的范围，也会破坏岸堤等重大海岸工程。在海岸侵蚀强烈的地方，它们不仅受到风暴潮和巨浪的威胁，而且也会造成严重的土地流失现象。另外，过度开采海沙还破坏了临海设施，损坏海滩泳场，部分港口及其他海岸工程设施。与此同时，伴随设施破坏而来的是环境污染，它威胁着海底生物的生存和生长，必须引起人们的重视。

到海边游玩，不惊吓和捕捉海鸟

去海边游玩的人们也许会看见这样的场景：海鸟们看到有人靠近，尖叫着冲向天空，在离地面 30 米处飞转徘徊，形成一团以人为中心旋转的"鸟云"。它们随时准备向人俯冲，目的仅仅是尽它们作为父母的责任——保护它们的鸟蛋。

出现这样的场景，我们应该反思自身的行为，在海边游玩时，面对可爱的海鸟我们最好做到以下八点：第一，随时提醒自己保持隐秘与安静，不要惊吓海鸟；第二，避免追逐海鸟，让它们能自在地觅食与休息；第三，不用任何不当的方法驱赶或引诱海鸟；第四，观赏海

自由翱翔的海鸟

鸟时，谨记它们迫切需要休息与进食；第五，遇孵蛋或育雏中的鸟巢，应尽快离开，避免亲鸟弃巢；第六，不进入海鸟繁殖地；第七，不捕捉海鸟，不公布海鸟繁殖地点（主要是为了避免引起鸟贩的注意）；第八，拍照时，应重视被拍摄海鸟的自然生态习性，避免不必要的干扰。

请保护海岸线岛礁资源

我国沿海岛礁资源丰富，海洋生物种类繁多，风景优美，如果进行合理的开发和利用，就能为我们带来可观的经济效益和生态效益。但事实上，一些人只顾眼前利益，对岛礁的鱼、贝、藻毫无节制地"痛下杀手"。有些人在利益的驱动下，不顾生命危险登礁攀岩掏鸟蛋、采牡蛎和藤壶出售给餐饮店。还有些人破坏和开采岛、礁、滩、沙、石等具有稀缺性和不可再生性的资源。这既破坏了岛礁的渔业资源，危及岛上珍稀动物特别是鸟类的生存，还严重损害了海岛的生态平衡和自然风光！

目前，有些沿海城市的政府部门已经开始采取措施保护岛礁：通过电视、座谈会等形式，开展宣传教育活动，增强广大人民群众保护岛礁资源的自觉性。但是，这些措施需要我们每个人的积极配合。如果我们还想在若干年后享受到经济价值巨大的海洋渔业资源，并在游艇上惬意地观光欣赏岛礁区内生态类型各异的海岛、海礁，就要从此刻开始行动！只有从内心意识到岛礁与我们共生共息的关系，才能真正地去善待岛礁资源。

不投喂、不盗取海洋野生动物

人们热爱生命，热爱小动物，经常能看到有人在海边给各种鱼儿投喂面包，在海边抛撒食物给海鸥食用，并以此为乐。岂不知，海鸥等海洋动物有着特殊的食物结构和食物链。就海洋动物本身来说，人们手中的美味对它们而言可能就是剧毒；另一方面，这样容易让海洋动物对人类投喂食物产生依赖，丧失独立生存的能力；再则，国内外也经常有海洋动物误食食物包装袋致残、致死的报道。从海洋生态的角度来讲，这种给海洋动物投喂人工食品的行为也不可取。在自然界中，所有的生命都遵从着自己的规律——食物链，它们互相制约，此消彼长。如果真的关心、爱护那些海洋动物，除特殊情况之外，请不

自由游弋的海龟

要随意向它们投喂人工食品。

近年来，海龟数量大幅下降。海龟具有顽强的生命力，但是上岸的海龟几乎没有丝毫的防卫能力，特别是刚出生的小海龟，一只同样大小的螃蟹就可将它吃掉。因此，一只雌海龟虽可年产近千个卵，但真正孵化出来并成功活到成年的，却是微乎其微！

 你知道吗

海龟的生存威胁

现在由于孵化区遭破坏，海滩的发展大大减少了海龟筑巢的场所。母海龟不再上岸孵卵的原因很多：人类的活动和噪音及垃圾挡住海龟的去路，而且如果海龟吃掉这些垃圾它们可能会死亡；海滩的人造灯光让海龟误以为是白天，误导了它们的夜间孵卵，也会使刚刚孵化出来想要回到海里的小海龟失去方向。在印度奥里萨邦孵卵的橄榄绿海龟也面临着严重的威胁。非法盗猎，海龟壳被用来制成梳子、眼镜框、首饰和其他的一些化妆品，而且售价相当昂贵。海龟肥肉则被用来做汤，海龟卵也被认为是野味。

海龟在下蛋期间，最怕灯光的照射，它需要安静及黑暗的环境，一旦发现灯光照射，将会停止生蛋而迅速逃离，寻找另一个安全的环境再继续下蛋。雄海龟的孵化时间

为 2 个月左右，雌海龟大约需要 45 天。然而，一只雌海龟到成熟能下蛋的成长时间需要长达 30 年。由此可见，海龟的繁殖期是多么漫长而不易。因此，我们一定要维护海龟的生存、繁殖环境，不盗蛋、不食蛋，爱护幼体，让它们在人类的呵护下永远繁衍下去。

保护鲨鱼，远离杀戮

所谓鱼翅，就是鲨鱼鳍中的细丝状软骨。鲨鱼属软骨鱼类，鳍骨形似粉丝，但咬起来比粉丝更脆，口感要好一些，但从现代营养学的角度看，鱼翅并不含任何人体缺乏或高价值的营养。

30 年前，电影《大白鲨》风靡全球，可是，有多少人知道鲨鱼所遭遇的情形呢？在世界顶级潜水圣地科克斯群岛，当《大白鲨》电影原著小说《利鳄》的作者彼得·班奇里潜入水下时，他看到的不是五彩斑斓的海底世界，而是一处鲨鱼的坟场：一条条被割掉鱼鳍的鲨鱼葬身海底。后来，彼得·班奇加入了保护鲨鱼的行列。

如果，一条活生生的鲨鱼在我们眼前被割掉了鳍之后又被像垃圾一样地扔回了海底，我们眼睁睁地看着这只仍然活着的海上霸王只能活活等死，我们还能咽下那道黄金般昂贵的鱼翅羹吗？如果按照野生

保护鲨鱼，不食鱼翅

动物救援组织提供的数据，以年2.5亿消费人数，每人消费2个鱼翅计算，1年就有1亿只鲨鱼供人类这样食用。比恐龙还早1亿年就生活在地球上的鲨鱼，我们忍心就这样为了满足我们的口腹之欲而让它们从地球上彻底消失吗？没有交易，就没有掠杀，保护鲨鱼，从不吃鱼翅开始！

不购买海洋生物标本和工艺品

　　在沿海的旅游景点，海洋生物标本或工艺品随处可见。某些沿海的贝壳工艺品厂公开出售玳瑁饰品、珊瑚饰品和海鱼标本饰品。其中，鹦鹉螺、红珊瑚是国家一级保护动物，玳瑁、虎斑宝贝、唐冠螺和大珠母贝是国家二级保护动物。这些海洋生物标本的制作者和商家，为了短期利益，不惜冒使某些海洋生物灭绝的危险作业，无视珍稀海洋物种的逐年递减。而作为这些海洋标本和工艺品的购买者，我们在用鹦鹉螺和珊瑚盆景装点家居、在用玳瑁饰品辟邪的同时，正为这些不法商家提供继续谋害海洋生物的机会。而一些导游和导购也成了这些不法商家的帮凶。殊不知，我们的这些愚昧行为，不仅仅对这些海洋珍稀生物的生存构成了威胁，而且破坏了海洋物种的多样性和海洋生态的平衡。所以，我们不鼓励制作、购买海洋生物标本及工艺品，尤其要禁止和举报买卖海洋珍稀和濒危物种标本或工艺品的行为，以保护海洋生物的多样性。

拒绝野生海洋动物皮毛制品

　　以海獭为例，它们只生存在北太平洋的寒冷海域，它们身上长有动物界最紧密的毛发。早在260年前，人们就发现海獭的皮毛是御寒的珍品，曾大量捕猎。在阿拉斯加，据说当时有一个俄国人一次就捕获上万头海獭，取皮去肉，高价出售，牟取暴利。到1911年，海獭的数量仅剩下1000头。另外，海豹、海象等海洋动物也经常被作为掠夺毛皮的对象，遭到人类捕杀。

你知道吗

海獭的生存威胁

　　在1741年商业捕猎开始以前，海獭的分布相当广泛，估计当时的数量在15万～30万只。直到1911年由美国、日本、俄罗斯、与英国协议通过国际协定禁止捕捉海獭时，海獭的数量已

经减少到只剩下数千只。在大部分区域海獭皆恢复良好，但1990至2000年间因不明原因而造成数个族群的数量减少。至20世纪90年代早期，阿拉斯加族群的数量估计约有1万只，但在90年代中、晚期于阿留申群岛一带急剧地减少，确切原因仍不明，部分科学家认为可能是虎鲸捕食的结果。加州族群数量也在下降中，1995年估计约2377只，至2000年剩约1700只。

每一件野生海洋动物皮毛制成的衣服后面都有着淋漓的鲜血和赤裸裸的掠杀，拒绝野生海洋动物皮毛制品，就是从源头上制止了杀戮。

不食海豹油

物质生活极大丰富的现代人由于营养过多、活动过少，经常被心脑血管病、高血压等"富贵病"困扰。长期以来，科学家们发现生活在北极附近的因纽特人，却很少患有这些疾病。经过研究，他们发现因纽特人主要吃海豹油、海豹肉及鱼类等，由于这些食品中含有一种叫 $\omega-3$ 不饱和脂肪酸的神奇物质，它不仅可以让人们远离那些"富贵病"，还能滋养身体、延缓衰老，于是，"海豹油"就作为新的健康法宝在世界各地流行起来。

海豹是一种聪明的海洋哺乳动物，在海洋公园的海豹池中，海豹表演顶球、水上体操等节目赢得人们的阵阵掌声，给人们带来欢乐。海豹油正是通过对可爱的小海豹进行无情地屠杀从其身体里提炼出来的。近年来，由于市场对海豹油的需求量逐年增加，导致海豹数量急剧下降，特别是美国、英国、挪威、加拿大等国每年派众多装备精良的捕海豹船在海上大肆掠捕，许多海豹就这样被剥夺了生命。

由此我们呼吁，为了能让更多的海豹不被残忍地剥夺生命，我们不吃海豹油！

第五章
未来能源的支柱：海洋能

　　浩瀚无垠、运动不息的海水，拥有巨大的可再生能源。可以通过各种方法将潮汐、波浪、温差、盐度差转变成电能、机械能或其他形式的能量。世界海洋能的蕴藏量为 750 多亿千瓦，波浪能占 93％，达 700 多亿千瓦。潮汐能 10 亿千瓦，温差能 20 亿千瓦，海浪能 10 亿千瓦。这么巨大的能源资源是目前世界能源总消耗量的数千倍。这样看来，世界能源的未来将倚重海洋。

第一节　珍惜海洋资源

海洋能优缺点

1.海洋能优点

（1）总蕴藏量大。海洋能相当大部分来源于太阳。太阳热能约为1.4千瓦/小时平方米，海洋的面积约为地球总面积的71%，因此，地球接收的太阳热能中的2/3以热的形式留于海上，其余则形成蒸发、对流和降雨等现象。潮汐、波浪、海流动能的储量达$80×108$千瓦以上，比陆地上水力资源的储藏丰富得多。从对海洋波浪能、潮汐能、海流能、海洋热能、盐度差能及光合能（海草燃料）的储藏量的估计数字可以看出，这些数字尽管不一定十分精确，但却可以大致看出这些海洋能的数量级，并可和现在的能源消费水平（约$30×10^8$千瓦）作比较。根据国外学者们的计算，全世界各种海洋能固有功率的数量以温度差能和盐度差能最大，为10^{10}千瓦；波浪能和潮汐能居中，为109千瓦。而目前世界能源消耗水平为数十亿千瓦。所以海洋能的总蕴藏量巨大。当然，如此巨量的海洋能资源，并不是全部可以开发利用。据1981年联合国教科文组织出版的《海洋能开发》一书估计，全球海洋能理论可再生的功率为$766×10^8$

波浪可以产生巨大的能量

千瓦，技术上允许利用的功率仅为 $64×10^8$ 千瓦。但即使如此，这一数字也为目前全世界发电装机总量的 2 倍。

（2）非耗竭、可再生和对环境无害。由于海洋永不间断地接受着太阳辐射和月亮、太阳的作用，所以海洋能又可再生，而且海洋能的再生不受人类开发活动的影响，因此没有耗竭之虞。海洋能发电不消耗一次性化石燃料，几乎都不伴有氧化还原反应，不向大气排放有害气体和热，因此也不存在常规能源和原子能发电存在的环境污染问题，这就避免了很多社会问题，使得海洋能源具有极好的发展前景。

（3）能量密度低。各种海洋能的能量密度一般较低。潮汐能的潮差较大值为 13 ~ 15 米，我国最大值仅 8.9 米；潮流能的流速较大值为 5 米／秒，我国最大值达 4 米／秒以上；海流能的流速较大值 1.5 ~ 2.0 米／秒，我国最大值 1.5 米／秒；波浪能的年平均波高较大值 3 ~ 5 米，最大波高可达 24 米以上，我国沿岸年平均波高 1.6 米，最大波高达 10 米以上；温差能的表、深层海水温差较大值为 24 ℃，我国最大值与此相当；盐度差能是海洋能中能量密度最大的一种，其渗透压一般为 2.51 兆

帕斯卡，相当于 256 米水头，我国最大值与此接近。

（4）海洋能随时空存在一定变化。各种海洋能按各自的规律变化。在地理位置上，海洋能因地而异，不能搬迁，各有各的富集海域。温度差能主要集中在低纬度大洋深水海域，我国主要在南海；潮汐、潮流能主要集中在沿岸海域，我国东海岸最富集；海流能主要集中在北半球两大洋西侧，我国主要在东海的黑潮流域；波浪能近海、外海都有，但以北半球两大洋东侧中纬度（北纬 30° ~ 40°）和南极风暴带（南纬 40° ~ 50°）最富集，我国东海和南海北部较富集；盐度差能主要在江河入海口附近沿岸，我国主要在长江和珠江等河口。在时间上，除温度差能和海流能较稳定外，其他均具有明显的日、月变化和年变化，所以海洋能发电多存在不稳定性。不过，各种海洋能能量密度的时间变化一般均有规律性，特别是潮汐和潮流变化，目前已能做出较准确的预报。

（5）一次性投资大，单位装机造价高。不论在沿岸近海，还是在外海，开发海洋能资源都存在风、浪、流等动力作用、海水腐蚀、海洋生物附着以及能量密度低等问题，致使转换装置设备庞大、要求材料

强度高、防腐性能好、设计施工技术复杂、投资大、造价高。

另外，由于海洋能发电在沿岸和海进行，不占用土地，不需迁移人口，具有综合利用效益。

2. 海洋能缺点

永不休止流动的海洋蕴藏着无比巨大的能量，改造利用好便会给人类带来福音，同样，改造利用不好也会给人类带来巨大的灾难。比如天下一绝的钱塘江，那潮头虽奇，那气势虽壮，那景致虽美，可那汹涌澎湃的潮水决不像人们所想象的那样循规蹈矩，它的面孔常常狰狞可怕。让我们随手举几个例子看看吧。

雍正二年，钱塘江遇上大潮。据记载海大溢，塘堤尽决，海宁全城（现在盐官镇）只能见到屋顶。

在萧山县新湾海塘上，曾经有两块体积达 10 立方米的钢筋混凝土块，每块重量大约有 12 吨。这么大又这么重的混凝土块，无法想象有什么大力士会推得动它。可是，就是这么大又这么重的混凝土块体，在 1968 年秋天的一次潮头过后，人们竟然发现它们被涌潮推动着移动了 30 多米的距离。可想而知，海潮的力量该有多大！再比如，蕴藏着极其巨大能量的海潮，也常常会给

人类带来恐惧和灾难。据统计，自 1012～1949 年的 937 年中，钱塘江发生的重大潮患就达 210 次之多。一旦涨大潮同时遇上台风，那时，风助长潮威，潮借助风势，海边会形成破坏性极强的风暴潮，对人类造成异常可怕的直接威胁。

另一方面，人们从海洋中获取能量的最佳手段尚无共识，大型项目的开发可能会破坏自然水流、潮汐和生态系统。因此，对于海洋能的开发和利用必须建立在科学、合理的基础上进行，才会在利用宝库为人类造福的同时避免大的灾害的发生。

总之，海洋被认为是世界上最后的资源宝库，因此，有人把海洋称为"能量之海"。进入 21 世纪，海洋将会在为人类提供生存空间、食品、矿物、药物、能源和水资源

海洋是人类未来的资源库

等方面发挥非常重要的作用，其中海洋能将会扮演极其重要的角色。

认识海洋能

海洋能源通常指海洋中所蕴藏的可再生的自然能源，主要为潮汐能、波浪能、海流能、温差能和盐差能。更广义的海洋能源还包括海洋上空的风能、海洋表面的太阳能及海洋生物质能等。

究其成因，潮汐能和潮流能来源于太阳和月亮对地球的引力变化，其他均源于太阳辐射。海洋面积占地球总面积的71%，太阳到达地球的能量大部分落在海洋上空和海水中，部分转化为各种形式的海洋能。海洋能源按储存形式又可分为机械能、热能和化学能。其中，潮汐能、海流能和波浪能为机械能，潮汐能是地球旋转所产生的能量通过太阳和月亮的引力作用而传递给海洋的，并由长周期波储存的能量，潮汐的能量与潮差大小和潮量成正比；潮流、海流的能量与流速平方和通流量成正比；波浪能是一种在风的作用下产生的，并以位能和动能的形式由短周期波储存的机械能，波浪的能量与波高的平方和波动水域面积成正比；海水温差能为热能，低

海洋中蕴藏着丰富的能源

纬度的海面水温较高，与深层冷水存在温度差，从而储存着温差热能，其能量与温差的大小和水量成正比；海水盐差能为化学能，河口水域的海水盐度差能是化学能，入海径流的淡水与海洋盐水间有盐度差，若隔以半透膜，淡水向海水一侧渗透可产生渗透压力，其能量与压力差和渗透流量成正比。因此，各种能量涉及的物理过程、开发技术及开发利用程度等方面存在很大的差异。在我们国家，大陆的海岸线长达1.8万千米，海域面积470多万千米，海洋能资源是非常丰富的。

这些不同形式的海洋能量有的已被人类利用，有的已列入开发利用计划，但人们对海洋能的开发利用程度至今仍十分低。尽管这些海洋能资源之间存在着各种差异，但是也有着一些相同的特征。每种海

洋能资源都具有相当大的能量通量：潮汐能和盐度梯度能大约为2亿千瓦；波浪能也在此数量级上；而海洋热能至少要比它们大两个数量级。但是这些能量分散在广阔的地理区域，实际上它们的能流密度相当低，而且这些资源中的大部分均蕴藏在远离用电中心区的海域。因此，只有很小一部分海洋能资源具有开发利用价值。

从全球来看，海洋能的可再生量很大。根据联合国教科文组织1981年出版物的估计数字，5种海洋能理论上可再生的总量为766亿千瓦。其中温差能为400亿千瓦，盐差能为300亿千瓦，潮汐和波浪能各为30亿千瓦，海流能为6亿千瓦。但是难以实现把上述全部能量取出，人们只能利用较强的海流、潮汐和波浪；利用大降雨量地域的盐度差，而温差利用则受热机卡诺效率的限制。因此，估计技术上允许利用的功率为64亿千瓦，其中盐差能30亿千瓦，温差能20亿千瓦，波浪能10亿千瓦，海流能3亿千瓦，潮汐能1亿千瓦（估计数字）。

海洋能的强度较常规能源为低。海水温差小，海面与500~1000米深层水之间的较大温差仅为20%左右；潮汐、波浪水位差小，较大

潮差仅为7~10米，较大波高仅为3米；潮流、海流速度小，较大流速仅为4~7节。即使这样，在可再生能源中，海洋能仍具有可观的能流密度。以波浪能为例，每米海岸线平均波功率在最丰富的海域是50千瓦，一般的有5~6千瓦；海洋能作为自然能源是随时变化着的，但海洋是个庞大的蓄能库，将太阳能及派生的风能等以热能、机械能等形式蓄存在海水中，不像在陆地和空中那样容易散失。海水温差、盐度差和海流都是较稳定的，1天24小时不间断，昼夜波动小，只是稍有季节性变化。潮汐、潮流则作恒定的周期性变化，对大潮、小潮、涨潮、落潮、潮位、潮速、方向都可以准确预测。海浪是海洋中最不稳定的，有季节性、周期性，而且相邻周期也是变化的。但海浪是风浪和涌浪的总和，而涌浪源自辽阔海域上持续时日的风能，不像地面太阳和风那样容易骤起骤止和受局部气象的影响。

海洋能发展与前景

1. 开发历史

人类很早就利用海洋能了。11世纪左右的历史记载里有潮汐磨坊。

那时在大西洋沿岸的欧洲一些国家，建造过许多磨坊，功率在 20～73.5 千瓦，有的磨坊甚至运转到 20 世纪 20～30 年代。20 世纪初，欧洲开始利用潮汐能发电，20 年代和 30 年代，法国和美国曾兴建较大的潮汐电站，没有获得成功。后来，法国经过多年筹划和经营，终于在 1967 年建成装机 24 千瓦的朗斯潮汐电站。此电站采用灯泡式贯流水轮发电机组，迄今运行正常。这是世界上第一座具有商业规模，也是至今规模最大的潮汐能和海洋能发电站。

1968 年苏联建造了一座装机 400 千瓦的潮汐电站，成功地试验用沉箱法代替曾是朗斯电站巨大难题的海中围堰法。1984 年加拿大建成装机 2 万千瓦的中间试验电站，用来验证新型的全贯流水轮发电机组。我国也以发电潮汐能著称于世，建成运行的小型潮汐电站数量很多，1985 年建成装机 3200 千瓦的江厦潮汐电站。

潮汐电站

温差发电，早在 1881 年，法国物理学家德阿森瓦提出利用表层温水和深层冷水的温差使热机做功。1930 年法国科学家克劳德在古巴海岸建成一座开发循环发电装置，功率 22 千瓦。但是发出的电力还小于维持其运转所消耗的功率。1964 年，美国安德森父子重提闭式循环概念，为海洋温度发电另辟蹊径。20 世纪 80 年代以来，美国继续对温差发电进行试验。日、法、印度也拟有开发计划。总之，温差热能转换以其能源蕴藏量大，供电量稳定的优点将成为海洋能甚至可再生资源利用中最重要的项目。

波浪能的开发，可上溯到 1799 年。在 20 世纪的 60 年代以前，付诸实施的装置至少在 10 种以上，遍及美国、加拿大、澳大利亚、意大利、西班牙、法国、日本等国。1965 年，日本益田善雄研制成用于导航灯浮的气动式波力发电装置，几经改进，迄今作为商品已生产 1000 台以上。20 世纪 70 年代以来，英国、日本、挪威等国大力推进波力发电的研究。

传统利用海流行船，最早系统地探讨利用海流能发电是 1974 年在美国召开的专题讨论会上。会上提出管道式水轮机、开式螺旋桨、玄式转子等能量转换方式。20 世纪 70 年代以来，美国、日本、英国、加拿大对海流和潮流的几种发电方式进行研究试验。

海洋盐度差能利用研究历史较短。1939年美国人最先提出利用海水和河水靠渗透压和电位差发电的设想。1954年发表第一份渗透压差发电报告。目前尚处于早期研究阶段。

我国海域辽阔,岛屿星罗棋布,每年入海河流的淡水量为2万亿~3万亿立方米,海洋能资源十分丰富。海洋能总蕴藏量约占全世界的能源蕴藏量的5‰,如果我们能从海洋能的蕴藏量中开发1%,并用于发电的话,那么其装机容量就相当于我国现在的全国装机总容量。在1亿千瓦的潮汐能中,80%以上资源分布在福建、浙江两省。海洋热能分布在南中国海。潮流、盐度差能等,主要分布在长江口以南海域。华东、华南地区常规能源短缺,而工农业生产密集。至于众多待开发的边远岛屿更是不通电网,缺能缺水。我国海洋能的分布格局,正与上述需要相适应,可以就地利用,避免和减少北煤南运、西电东输,以及岛屿运送化石燃料的花费和不便,是很好的可以利用的资源。

我国海洋能利用的演进,新中国成立以来大致经历过三个时期:

20世纪50年代末期,出现过潮汐电的高潮,那时各地兴建了40多座小型潮汐电站,有一座是陈嘉庚先生在福建集美兴建的,但由于发电与农田排灌、水路交通的矛盾,以及技术设计和管理不善等原因,至今只有个别的保存下来,如浙江沙山潮汐电站。除发电外,在南方还兴建了一些潮汐水轮泵站。

20世纪70年代初期,再次出现利用潮汐的势头。我国三座稍具规模的潮汐电站和一些小潮电,都是在这个时期动工的。国家投资的浙江江厦潮汐电站,设计总容量为3000千瓦,采用自行设计和制造有双向发电和泄水功能的灯泡贯流式机组。

20世纪80年代以来,我国海洋能开发处于充实和稳步推进时期。1985年江厦潮汐电站完成装机5台,发电能力超过设计水平,达3200千瓦。它的建成是我国海洋能发电史上的一个里程碑。另外盐度差发电方面研制成用渗透膜的实验室装置运转成功。海洋温差发电方面,已开始研制一种开式循环实验室装置。我国沿海渔民很早就懂得利用潮汐航海行船,借助潮汐的能量推动水车做功。

据报道,我国最近已与欧盟的能源专家合作,准备在浙江舟山群岛建成世界上第一座能够并网发电

的潮流能电站，以解决海岛地区的能源匮乏问题。

2. 国外发展现状

英国和日本可以列为典型的重视海洋能开发的国家。从这两个国家的海洋能研究与开发情况中，可以了解国外海洋能源开发的一些情况。

（1）英国。为了保护环境和实现社会的持续发展，英国制定了强调多元能源的能源政策。鼓励发展包括海洋能在内的各种可再生能源。早在20世纪90年代初，英国政府就制定了可再生资源发展规划。目前，英国波浪发电技术居世界领先地位，颇具出口潜力。据报道，1995年，英国建造了第一座商业性波浪发电站。这座被称为"Osprey"的波能电站输出功率为2兆瓦，可以满足2000户家庭的用电要求，如再加上该装置上方的风力发电机，用户可以扩大到3500户。经过几个月的运行后，该电站将并入英国电网。

英国潮汐能资源丰富，在过去的一段时间中，对一些拟议中的潮汐电站已经进行了大规模的可行性研究和前期开发研究。英国1997年在塞汶河口建造第一座潮汐电站，装机容量为8.6吉瓦，年发电量约

波浪发电站的电力设施

为170亿千瓦·时，该电站于2003年开始发电，2005年正式全面运行。此外，在墨西河口将建造年发电量约为15亿千瓦·时的潮汐电站。

另外，英国还对一些河口和海湾进行了潮汐能发电经济效益分析研究，发现了30多个装机容量可达30兆～150兆瓦的理想的小型潮汐能发电站站址，年发电量可以达到50亿千瓦·时。由于小型潮汐电站投资少，建设周期短，今后在潮汐电站的建设中，会得到优先考虑。据统计，如果英国的潮汐能都能利用起来，每年可发电540亿千瓦·时，相当于英格兰和威尔士目前电量的20%，从而可以有效地改变英国的能源供应结构。

现在，英国已经具有建造各种规模的潮汐电站的技术力量。英国

认为，法国、加拿大和韩国等国家是极有潜力的市场。

为了鼓励开发可再生能源，1989 年，英国议会通过了《非化石燃料责任法》。该法规定，政府中负责能源的大臣有权发布命令，要求英格兰和威尔士的 12 个地区的电力公司，在所提供的电力中，必须有一定比例的电力来自可再生能源。凡是根据"可再生能源令"承担的合同生产的电力，出售可以享受补贴价，这些补贴经费来自政府对化石燃料电力征收的税款。苏格兰和北爱尔兰也有类似的政策。《非化石燃料责任法》的颁布和实施，为英国可再生能源的开发利用提供了良好的环境。1990 年的第一号法令公布了 75 个装机容量为 102 兆瓦的可再生能源发电项目：其中有 26 个小水电项目。1991 年又发布命令，提出了增加 457 兆瓦的可再生能源开发任务。尽管这些法令未对海洋能的开发利用提出具体任务，但可以预见，该法规鼓励发展可再生能源，必将对今后海洋能的开发起到积极的推动作用。

另一个有利于海洋能发展的政策性因素是在 1992 年世界环境与发展大会以后，英国政府制订了积极的政策来保护资源和环境，其中措施之一是要加强对海洋能等可再生能源的开发。

（2）日本。日本的海洋能研究十分活跃，其特点是着重波浪技术的开发。开展的波浪能研究项目有"海明号"波力发电船、60 千瓦防波堤式电站、摆式波能装置、40 千瓦岸式电站、"巨鲸号"漂浮式波力发电装置、气压罐式波力发电装置、导航用波力发电装置等，其中"海明号"是世界上最著名的波力发电装置。"巨鲸号"漂浮式波力装置的一期工程于 1995 年底完成。该装置既可以发电，又可以净化海水，还有消波避风的能力。

日本波浪能研究的牵头单位是日本海洋科学技术中心，有几十个单位参与，其中包括大学、研究所和公司。日本波浪能开发研究的特点是既有明确的分工，又有有效的协调。另一特点是大公司积极参与和重视技术转化为生产力的研究，从而使日本在波浪能转换技术实用化方面走在世界前列。现在，日本已有 4 座实型波力电站投入运行，还有 8 座正在试运行中。

3. 海洋能开发前景

海洋能不同形式的能量有的已被人类利用，有的已列入开发利用计划，但开发利用程度至今仍十分低。尽管这些海洋能资源之间存在

着各种差异，但是也有着一些相同的特征。每种海洋能资源都具有相当大的能量通量：潮汐能和盐度梯度能大约为 2 亿千瓦；波浪能也在此量级上；而海洋热能至少要比此大两个数量级。但是这些能量分散在广阔的地理区域，能流密度相当低，而且这些资源中的大部分均蕴藏在远离用电中心区的海域，因此只有一小部分海洋能资源能够得以开发利用。

海洋能的利用目前还很昂贵，以法国的朗斯潮汐电站为例，其单位千瓦装机投资合 1500 美元 (1980 年价格)，高出常规火电站。但在目前严重缺乏能源的沿海地区 (包括岛屿)，把海洋能作为一种补充能源加以利用还是可取的。

海洋能开发利用的制约因素：一是海洋能的特点决定了其开发的难度大，技术水平要求高。海洋能虽然储量巨大，但其能源是分散的，能源密度很低。例如，潮汐能可利用的水头只有数米，波浪的年平均能量只有 300 ~ 500 兆瓦·小时 / 米。海洋能大部分蕴藏在远离用电中心的大洋海域，难以利用。海洋能的能量变化大，稳定性差，如潮汐的周期变化、波浪能量和方向的随机变化等给开发利用增加了难度。此外，海洋环境严酷，对使用材料及

设备的防腐蚀、防污染、防生物附着要求高，尤其是风浪有巨大的冲击破坏力，也是开发海洋能时必须考虑的。二是海洋能的开发由于技术不成熟，一次性投资大，经济效益不高，影响了海洋能利用的推广。海洋能利用技术是海洋、蓄能、土工、水利、机械、材料、发电、输电、可靠性等技术的集成，其关键技术是能量转换技术，不同形式的海洋能，其转换技术原理和设备装置都不同。由于海洋能开发技术目前尚不成熟，致使海洋能开发的一次性投资过大，与利用常规能源相比，经济性欠佳，因而制约了它的应用推广。

由于技术所限，目前开发利用海洋能的技术装置成本还较高，功率较小，只能作为少数地区和设施的能源补充，尚未充分发挥海洋能在能源领域应有的作用。但海洋能发电前景诱人。有专家预计，在 2020 年后，全球海洋能源的利用率将是目前的数百倍。科学家相信，21 世纪人类将步入开发海洋能的新时代。

美国能源部于 2008 年 5 月中旬宣布，拨款 750 万美元开发潮汐能、海流能和波浪能。美国能源部正在推进开发新一代技术，以应用于增加使用清洁的可再生能源，实

现 2025 年减少温室气体排放的国家目标。

实际上，除了海洋风能、潮汐、波浪外，海流、海水温差和海水盐差等都蕴含着巨大的能量。随着技术的不断发展，这些能量都将逐步被开发利用，海洋电力也必定会持久地成为人类重要而清洁的能源来源。

从技术及经济上的可行性、可持续发展的能源资源以及地球环境的生态平衡等方面分析，海洋能中的潮汐能作为成熟的技术将得到更大规模的利用；波浪能将逐步发展成为行业，由近期的主要采用固定式，发展为大规模利用漂浮式；可作为战略能源的海洋温差能将得到更进一步的发展，并将与海洋开发综合实施，建立海上独立生存空间和工业基地；潮流能也将在局部地区得到规模化应用。

潮汐能的大规模利用涉及大型的基础建设工程，在融资和环境评估方面都需要相当长的时间。大型潮汐电站的研究建设需要几代人的努力。

波浪能在经历了十多年的示范应用过程后，正稳步向商业化应用发展，且在降低成本和提高利用效率方面仍有很大技术潜力。依靠波浪技术、海工技术以及透平机组技术的发展，波浪能利用的成本可望在 5 ~ 10 年的时间内，从目前的基础上下降 2 ~ 4 倍。

美国对海洋能潜力做出了评估。评估认为，波浪能资源为每年约 210 万吉瓦·时 (所有海岸线每年平均波浪能发电量可大于 10 千瓦／米)。这些波浪能可分解如下：阿拉斯加 (仅太平洋沿岸)125 万吉瓦·时；加利福尼亚北部、俄勒冈州和华盛顿州 44 万吉瓦·时；夏威夷州和中途岛 33 万吉瓦·时；英格兰和大西洋中部各州 10 万吉瓦·时。潮汐能每年资源量约为 11.5 万吉瓦·时，其中，10.9 万吉瓦·时在阿拉斯加，仅 6000 吉瓦·时在大陆所在地。海流能：美国唯一的大型海流能资源所在地为佛罗里达州南部海岸外的 30 千米处，估算每年的能源资源量为 5 万吉瓦·时，平均每年可发电约 1 万兆瓦 (能力因子为 57%)。

调查显示，在全球有 50 多家公司，在美国也有 17 家公司正在建立海洋能源的发展模式。截至 2008 年，已经有 34 家开发潮汐能的公司和 9 家开发波能的公司注册。同时，还有 20 个潮汐能公司、4 个波能公司和 3 个海洋能源开发公司得到批准。

据 Pike 研究公司于 2010 年 1 月 20 日发布的水动力和海洋能预测

报告，在今后5年内，即到2015年，来自海洋和河流的水动力能将增长到22吉瓦。然而，增长将取决于两个主要项目：英国的14吉瓦潮汐阻拦和菲律宾2.2吉瓦的潮汐围栏。

仅在欧盟，估算到2020年有高达10 000兆瓦能力将投入市场，到2050年将增加到200 000兆瓦。在美国，到2025年，可能会增加23 000兆瓦水力资源，主要来自海洋和潮汐流。

报告指出，海洋水动力能的利用成本比风能或太阳能低50～100倍。

假设美国2010年确定碳排法规，并且欧盟确定海洋可再生能源目标，则Pike研究公司预测，到2025年下列水动力能能力为：

波浪能为115吉瓦，潮汐能为57吉瓦，潮汐阻拦为20吉瓦，海流能为4吉瓦，河流水动力能为3吉瓦。

第二节　海洋能源库

潮汐能

"人有悲欢离合，月有阴晴圆缺。"潮汐是一种世界性的海平面周期性变化的现象，由于受月亮和太阳这两个万有引力源的作用，海平面每昼夜有两次涨落。潮汐作为一种自然现象，为人类的航海、捕捞和晒盐提供了方便，同时，它可以带来巨大能量，形成潮汐能。

潮汐能是因月球引力的变化引起潮汐现象，潮汐导致海平面周期性地升降，因海水涨落及潮水流动所产生的能量成为潮汐能。潮汐能是以势能形态出现的海洋能，是指海水潮涨和潮落形成的水的势能与动能。

潮汐在涨落的运动过程中，蕴藏着无比巨大的能量。涨潮时，海水奔腾而来，水位升高，产生巨大的势能；潮落时，海水宣泄退去，水位降低，海水巨大的势能瞬间转化为强烈的动能。

潮汐能因地而异，不同的地区常常有不同的潮汐系统。潮汐能都是从深海潮波获取能量，但它们具有各自独有的特征。潮汐能的能量与潮量和潮差成正比。也就是说，潮汐能的大小取决于与潮差的平方和水库的面积。和水力发电相比，潮汐能的能量密度低，相当于微水头发电的水平。世界上潮差的较大值约为 13～15 米，但一般来说，平均潮差在 3 米以上就有实际应用价值。

潮汐能是一种不消耗燃料、没有污染、不受洪水或枯水影响、用之不竭的再生能源。在海洋的各种能源中，潮汐能的开发利用最为现

实、最为简便。

发展潮汐能可以间接地使大气中二氧化碳含量的增加速度减慢。潮汐能的利用方式主要是发电。潮汐发电是利用海湾、河口等有利地形，修筑水堤，形成水库，以便于大量蓄积海水，并在坝中或坝旁建造水力发电厂房，通过水轮发电机组进行发电。只有出现大潮，能量集中时，并且在地理条件适于建造潮汐电站的地方，从潮汐中提取能量才有可能实现。

潮汐发电与普通水力发电原理类似，通过水库，在涨潮时将海水储存在水库内，以势能的形式保存，然后，在落潮时放出海水，利用高、低潮位之间的落差，推动水轮机旋转，带动发电机发电。其差别在于：海水与河水不同，蓄积的海水落差不大，但流量较大，并且呈间歇性；潮水的流动与河水的流动不同，它是不断变换方向的，潮汐发电有单池单向发电、单池双向发电和双池双向发电三种形式。据海洋学家计算，世界上潮汐能发电的资源量在10亿千瓦以上，其能源也是一个天文数字。

潮汐能发电设施

到目前为止，潮汐能是海洋能技术中最成熟和利用规模最大的一种。全世界潮汐电站的总装机容量为265兆瓦。

由于常规电站廉价电费的竞争，建成投产的商用潮汐电站不多。然而，由于潮汐能蕴藏量的巨大和潮汐发电的许多优点，人们还是非常重视潮汐发电的研究和试验。

世界上适于建设潮汐电站的二十几处地方，都在研究、设计建设潮汐电站。其中包括：美国阿拉斯加州的库克湾、加拿大芬地湾、英国塞文河口、阿根廷圣约瑟湾、澳大利亚达尔文范迪门湾、印度坎贝河口、俄罗斯远东鄂霍茨克海品仁湾、韩国仁川湾等地。随着科学技术的不断进步，潮汐发电成本不断降低，进入21世纪，将不断会有大型现代潮汐电站建成使用。

我国潮汐能的理论蕴藏量达到1.1亿千瓦，在我国沿海，特别是东南沿海有很多海湾能量密度较高，平均潮差4～5米，最大潮差7～8米。其中浙江、福建两省蕴藏量最大，约占全国的80.9%。我国的江厦潮汐实验电站，建于浙江省乐清湾北侧的江厦港，装机容量3200千瓦，于1980年正式投入运行。

从总体上看，现今潮汐能开发利用的技术难题已基本解决，国内

外都有许多成功的实例，技术更新也很快。

海流能

海流能是指海水流动的动能，主要是指海底水道和海峡中较为稳定的流动以及由于潮汐导致的有规律的海水流动。海流能的能量与流速的平方和流量成正比。相对波浪而言，海流能的变化要平稳且有规律得多。潮流能随潮汐的涨落每天2次改变大小和方向。一般说来，最大流速在2米／秒以上的水道，其海流能均有实际开发的价值。

海流能的利用方式主要是发电，

海流中蕴藏着巨大的能量

其原理和风力发电相似，几乎任何一个风力发电装置都可以改造成为海流发电装置。但由于海水的密度约为空气的1000倍，且装置必须放于水下，故海流发电存在一系列的关键技术问题，包括安装维护、电力输送、防腐、海洋环境中的载荷与安全性能等。此外，海流发电装置和风力发电装置的固定形式和透平设计也有很大的不同。海流装置可以安装固定于海底，也可以安装于浮体的底部，而浮体通过锚链固定于海上。海流中的透平设计也是一项关键技术。我国沿岸潮流资源根据对130个水道的计算统计，理论平均功率为13948.52万千瓦。这些资源在全国沿岸的分布，以浙江为最多，有37个水道，理论平均功率为7090兆瓦，约占全国的1／2以上。其次是台湾、福建、辽宁等省份的沿岸也较多，约占全国总量的42%，其他省区较少。

根据沿海能源密度，理论蕴藏量和开发利用的环境条件等因素，舟山海域诸水道开发前景最好，如金塘水道、龟山水道、西侯门水道，其次是渤海海峡和福建的三都澳等，如老铁山水道、三都澳三都角。以上海区均有能量密度高、理论蕴藏量大、开发条件较好的优点，应优先开发利用。

波浪能

波浪能是指海洋表面波浪所具有的动能和势能。波浪的能量与波高的平方、波浪的运动周期以及迎波面的宽度成正比。波浪能是海洋能源中能量最不稳定的一种能源。台风导致的巨浪，其功率密度可达每米迎波面数千千瓦，而波浪能丰富的欧洲北海地区，其年平均波浪功率也仅为 20 ～ 40 千瓦／米。中国海岸大部分的年平均波浪功率密度为 2 ～ 7 千瓦／米。

波浪发电是波浪能利用的主要方式。此外，波浪能还可以用于抽水、供热、海水淡化以及制氢等。波浪能利用装置大都源于几种基本原理，即：利用物体在波浪作用下的振荡和摇摆运动；利用波浪压力的变化；利用波浪的沿岸爬升将波浪能转换成水的势能等。经过 20 世纪 70 年代对多种波能装置进行的实验室研究和 80 年代进行的实海况试验及应用示范研究，波浪发电技术已逐步接近实用化水平，研究的重点也集中于 3 种被认为是有商品化价值的装置，包括振荡水柱式装置、摆式装置和聚波水库式装置。

根据调查和利用波浪观测资料计算统计，我国沿岸波浪能资源理论平均功率为 1285.22 万千瓦，这些资源在沿岸的分布很不均匀。以台湾省沿岸为最多，为 429 万千瓦，占全国总量的 1／3。其次是浙江、广东、福建和山东沿岸，在 160 万～205 万千瓦之间，约为 706 万千瓦，约占全国总量的 55%，其他省市沿岸则很少，广西沿岸最少，仅 8.1 万千瓦。

全国沿岸波浪能源密度（波浪在单位时间通过单位波峰的能量分布），以浙江中部、台湾、福建省海坛岛以北、渤海海峡为最高，达 5.11 ～ 7.73 千瓦／米。这些海区平均波高大于 1 米，周期多大于 5 秒，是我国沿岸波浪能能流密度较高、资源蕴藏量最丰富的海域。其次是西沙、浙江的北部和南部，福建南部和山东半岛南岸等能源密度也较高，资源也较丰富，其他地区波浪能能流密度较低，资源蕴藏也较少。

根据波浪能能流密度及其变化和开发利用的自然环境条件，首选浙江、福建沿岸应用为重点开发利用地区，其次是广东东部、长江口和山东半岛南岸中段。也可以选择条件较好的地区，如嵊山岛、南麂岛、大戢山、云澳、表角、遮浪等处，这些地区具有能量密度高、季节变化小、平均潮差小、近岸水较深、均为基岩海岸，具有岸滩较窄，

坡度较大等优越条件，是波浪能源开发利用的理想地点，应做为优先开发的地区。

盐差能

盐差能是指海水和淡水之间或两种含盐浓度不同的海水之间的化学电位差能，主要存在于河海交接处。同时，淡水丰富地区的盐湖和地下盐矿也可以利用盐差能。盐差能是海洋能中能量密度最大的一种可再生能源。通常，海水(35‰盐度)和河水之间的化学电位差有相当于240米水头差的能量密度。这种位差可以利用半渗透膜(水能通过，盐不能通过)在盐水和淡水交接处实现，利用这一水位差就可以直接由水轮发电机发电。

盐差能的利用主要是发电。其基本方式是将不同盐浓度的海水之间的化学电位差能转换成水的势能，再利用水轮机发电，具体主要有渗透压式、蒸汽压式和机械—化学式等，其中渗透压式方案最受重视。

将一层半透膜放在不同盐度的两种海水之间，通过这个膜会产生一个压力梯度，迫使水从盐度低的一侧通过膜向盐度高的一侧渗透，从而稀释高盐度的水，直到膜两侧

水的盐度相等为止。此压力称为渗透压，它与海水的盐浓度及温度有关。目前提出的渗透压式盐差能转换方法主要有水压塔渗压系统和强力渗压系统两种。我国海域辽阔，海岸线漫长，入海的江河众多，入海的径流量巨大，在沿岸各江河入海口附近蕴藏着丰富的盐差能资源。据统计我国沿岸全部江河多年平均入海径流量约为$(1.7 \sim 1.8) \times 10^{12}$立方米，各主要江河的年入海径流量约为$(1.5 \sim 1.6) \times 10^{12}$立方米，据计算，我国沿岸盐差能资源蕴藏量约为$3.9 \times 10^{15}$千焦耳，理论功率约为$1.25 \times 10^{8}$千瓦。

我国盐差能资源有以下特点：

（1）地理分布不均。长江口及其以南的大江河口沿岸的资源量占全国总量的92.5%，理论总功率达1.156×10^{8}千瓦，其中东海沿海占69%，理论功率为0.86×10^{8}千瓦。

（2）沿海大城市附近资源最富集，特别是上海和广东附近的资源量分别占全国的59.2%和20%。

（3）资源量具有明显的季节变化和年际变化。一般汛期4~5个月的资源量占全年的60%以上，长江占70%以上，珠江占75%以上。

（4）山东半岛以北的江河冬季均有1~3个月的冰封期，不利于全年开发利用。

第六章
深海珍宝： 海底矿产资源

　　亿万年前，大洋底部喷"金"吐"银"，为人类留下了丰厚的海底矿藏：砂矿、多金属结核、磷钙石……海洋静默无言，为地球儿女守护千万年沉淀下的珍宝，只等人们去发现。现在，随着人类对海洋的不断开发，藏在海底的矿产资源给现代工业和我们的生活带来越来越多的好消息。

第一节　龙宫财富：海底矿产资源

什么是矿产资源

矿产资源是一种自然资源。矿产资源是指赋存于地球内部或地壳上及其水体中的天然产出的固态、液态、气态物质的富集体，该富集体从经济角度看具有开采价值，从技术角度看是具有利用价值的无机或有机体。

你知道吗

澳大利亚的海洋矿产资源很丰富

澳大利亚矿产资源丰富，主要有煤（东南沿海）、铁（西部）、铝土（东北部沿海），澳大利亚是世界上铝土矿最多的国家。在丰富的矿产资源基础上，澳大利亚的采矿业、冶金和机械制造在第二次世界大战后迅速发展。由

于矿产品出口额在出口总额中占有很大比重，所以，有人称澳大利亚是"坐在矿车上"的国家。

海洋中的矿产资源不仅包括通常意义的固体矿产，还包括呈固态、气态和液态溶于水体中并具有开采价值的无机或有机矿物质。

对于溶解在海水中的矿物质，本书将其归入海水化学资源。

这里主要讨论海底矿产资源，即赋存于海底表层沉积物和海底岩层中的无机矿藏。赋存于海底沉积层中的天然气水合物和大洋洋底的多金属结核，其形成时间为中新世至今。海山区的富钴结壳和磷块岩主要形成于新生代中晚期。而赋存于大洋中脊的硫化物矿床和海滨砂矿的主要成矿期为第四纪。海底矿产的形成经历了漫长的地质年代，

不仅数量大，而且种类多、分布广，不可忽略的是其中的大多数是不可再生资源。

根据矿产本身所具有的特点，以及从人类开采利用的角度出发、从矿产资源为人类提供的物质、能量属性来看，矿产资源归纳为两大类，即提供燃料的能源资源和提供原料的物资资源。

①燃料矿产（能源矿产）：化石燃料包括煤炭、石油、天然气以及天然气体水合物等，核燃料包括核裂变燃料铀、钍以及核聚变燃料锂、氘、氚和氦；

②原料矿产：金属原料包括黑色金属（包括铁和加入铁中能冶炼成不同的合金钢的那些金属）：铁、锰、铬、镍、钼、钨等；有色金属：铜、锡、铅、锌、锑、汞、金、银等；非金属原料包括建筑材料、化工原料和其他工业原料，例如金刚石、宝石等。

从适应现今工业生产体系的角度，矿产资源可以首先分为两个大类：

①金属矿产：包括黑色金属、有色金属、稀有金属、放射性金属等；

②非金属：包括化石燃料、各种化工原料、建筑材料等。

在世界矿业生产总值中，燃料大约占 70%，非金属原料大约占 17%，金属原料约占 13%。

化石燃料——煤炭

认识海底矿产资源

所谓海底矿产资源，通常是指目前处于海洋环境下的除海水资源以外的可加以利用的矿物资源；对那些过去是在海洋环境下形成的现在已是陆地组成部分的矿物资源，原则上应归属于陆地矿产资源。

在地球上已发现的百余种元素中，有 80 余种在海洋中存在，其中能够直接提取利用的有 60 余种。从海岸到大洋，从海面到海底均分布有丰富的海洋矿产资源。海洋矿产资源是人类社会可资利用的重要物质基础。目前，除了油气资源以外，其他海底矿产资源基本上未经开发，它们将是社会物质生产重要的原料来源。由于海洋的自然环境与地质基础同样具备地球化学元素迁移和富集成矿的条件，从理论上分析，海洋矿产的品种应该与陆地一样丰富。尽管目前还缺少全面和系统的对比研究，但是已经获得的发现和研究成果基本上能够支持前面的结论。

海底矿产资源的种类繁多，并且随着生产力的发展，可利用矿产种类也将产生变化。海洋里的矿产资源总共有多少种？每一种的蕴藏量有多大？依据现有资料做出非常准确的回答还存在一些困难。我们结合介绍海底矿产资源存在的方式、成因和用途等标准对海洋矿产资源进行分类，以便进一步地认识它们。

对海底矿产资源的分类既可依

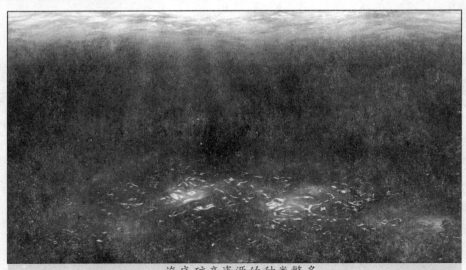

海底矿产资源的种类繁多

其存在方式分为未固结矿产和固结矿产，也可依其成因分为由内力作用生成的内生矿产和由外力作用生成的外生矿产两大类。

内生成因主要指各种岩浆作用、火山作用、交代作用和变质作用，绝大多数的金属矿床的形成都与此有关；外生成因主要有3个，即机械沉积作用、化学沉积作用和生物化学沉积作用。煤炭、石油、天然气、天然气水合物，各种类型的盐类矿床、洋底多金属结核、富钴结壳、磷块岩和滨海砂矿的形成均与此有关。另外，有少数金属矿床属外生成因。有些海底矿产的形成经历了内生作用和外生作用两种过程，例如海底热液矿床。所有这些矿床不但能在陆地上发现，在海洋中亦能找到。

虽然对海洋矿产的成因研究还很不成熟，但在多数情况下根据海洋矿产资源的矿物种类及其产出的海洋地质环境进行了分类，便于针对工作而选择合适的分类做进一步研究。

 ## 海底矿产资源的特色

对于任何一种矿产资源，其分布规律、储量大小、品位高低、矿位深浅等自然状态，是科技工作者必须充分了解的自然规律。只有充分地了解以上事项，并且熟知它们之间的关系，才能做到合理地利用和保护海底矿产资源。海底矿产资源既具有矿产资源的共性，也有其个性，这是我们认识、开发和利用它们的前提。

1. 有限性

矿产资源相对于人类社会的发展而言，是不会再生和更新的，例如石油和天然气的年消耗量就比其自然增长量大300万倍，故决定了矿产资源的有限性。矿产资源随着生产和社会的发展而短缺甚至枯竭的例子，古已有之。2000多年前，古罗马帝国就已经开采铜、铁、锡。古希腊一度曾是铅、银的冶炼中心。时过不久，这些金属在地中海、欧洲一带枯竭了。19世纪的英国，铅的产量曾占世界铅产量的50%，铜的产量占世界的45%，铁的产量占世界的30%。现在，英国本土上，这些矿床已经被开采殆尽。我国早在3000多年前的商代就已经开采铜，后来又采铁矿。现在，我国铜和铁的富矿都比较少。从一些国家工业化发展历程来看，矿石的开采、金属的生产和矿石的进口量的多少，是随着时间的变化而变化的。

金属铅块

另外，通常情况下，一个国家在工业化的初期，采矿量急剧增大，当采矿速度超过了找矿速度时，储量就会减少，采矿量将逐渐下降，有的矿会逐渐枯竭。成熟时期的工业国，金属生产日益增长，并达到顶峰，同时矿产减少，不足部分靠进口和回收补充。随着国内资源的逐渐枯竭，发达工业化国家的金属产量也会逐渐地开始下降。因此，矿产资源必须合理地开发和利用，从长远的利益来看，矿产资源的出口应该非常审慎，应当根据市场情况进口矿产品作为储备。

越南靠深海矿产致富

越南矿产资源丰富，北方及其海域主要有煤、铁、铬、钛、铜、铝、锡、铅、锌、金、铀、稀土

及磷矿；南部及其海域蕴藏有数量可观的油气区和多种非金属矿产。矿业中石油、煤炭、磷化工已形成一定规模生产，并成为越南外贸出口的主要产品。越南矿产资源具有四大特点，即矿床分布面广；矿带集中，大中型矿床比例大（占一半以上）；共生、伴生矿床多，富矿和易选矿比例高；邻近铁路、海港。现在，海洋矿产资源已经成为越南重要的经济支柱。

矿产资源的有限性并不是绝对的。随着科学技术的进步，人类对矿产资源的勘探和利用日益深入，资源的后备储量可能会不断增加，新的资源也可能会被发现。

2. 分布的局限性

海洋矿产资源分布的局限性可以从垂直分布、水平分布以及矿产资源分布和生产消费格局之间的关系来理解。

由于海洋矿产资源基本上处在洋壳的表面，因而构成了矿产资源垂直分布局限性。虽然有些元素在地球中很集中，例如，地心的金属核，集中了大量的铁和镍，地幔富含铁和镁，但是，鉴于目前的经济和科学技术的发展水平，矿产资源的开

铁矿石

发仅仅在地壳范围内开展，最深的矿井只达到 4000 米，最深的钻井刚到 10 000 米。现在的矿产资源开采活动仅仅局限在贴近地面的一个薄层中。扩大开采的范围，有待于更高新技术的应用，以及更大的资金投入，这通常也意味着更高的成本。

从地域上讲，矿产资源的水平分布呈现较大的不均衡性，存在着很大的地区性差异。由于构造运动及其物质组成在空间分布上常呈现不规则格局，相邻地块间的差异又比较大，因而造成了矿产资源分布的不均匀性。目前世界大部分矿产的已知储量只在很少的几个国家中发现，没有任何一个国家可以做到矿产资源完全自给自足。以海底矿产而言，作为最重要的化石燃料和化工原料的石油主要蕴藏在沿海大陆架，其中主要集中在中东等区域；锰结核的分布主要在赤道附近的太平洋深处。

矿产资源分布的局限性还包括矿产资源分布和生产及消费的不吻合。矿产资源不仅在世界上的分布很不均匀，和生产力格局也不吻合。矿产资源的消费在世界上的分配也是很不均匀的。按产值计算，占世界人口约 1/4 的发达国家，消费的矿产资源占世界总产量的 85%；占世界人口总数 1/20 的美国，消费了近世界 1/2 的矿产量；而占世界人

口 3/4 的发展中国家，只消费世界矿产量的 15%。这些状况和各国自身矿产禀赋并不吻合。

3. 矿产资源的伴生性

自然界中的矿石往往不止含有一种有用的矿物，还经常伴生其他有用的元素。如海底多金属软泥中有铁、锰、锌、铅、铜、银、金等和其他元素伴生。

这种多组分的矿产资源伴生性，在我国显得尤为重要。近年来，随着采、选、冶技术的发展，对伴生矿产的利用水平也越来越重要。

4. 开发投资高，技术要求难度大

海底矿产资源大多埋藏在一定深度的海水层之下，这给勘探和开采这些资源带来很大的技术和经济困难。

第二节　矿产资源箱

磷钙石与海绿石

1873年，英国的"挑战者"号考察船航行到了非洲南部阿古尔赫斯·班克海域。船上的科学工作者有的测水深，有的采水样，有的试水温，船尾拖着的大网正在网罗海底底质样品……一会儿，船员们收上拖网，发现网中有不少深褐色、黑色的像煤块一样的石头。这是些什么奇珍异宝呢？船员们议论着、猜测着。经船上的地质学家检验，这种石头里含有磷和钙等矿物质。就这样，人类首次从海底发现了磷钙石。

磷钙石是一种具有经济价值的矿产资源，它富含的磷可以用于制造磷肥，是植物重要的养分之一。磷溶解在鱼塘里，可加速鱼虾的生

长。用它制成药物，可使人体强壮。因此，磷钙石被人们称为"生命之石"。此外，它还可制成防锈材料，涂在飞机的翼面上；还可以提取纯磷和磷酸，用于火柴、玻璃、制糖、食品、纺织和照明等工业上。

磷钙石

海底磷钙石的主要化学成分为氧化钙占30%～50%；五氧化二磷占20%～30%；其余为二氧化碳、氟和其他金属氧化物。

大陆边缘的海底磷钙石有三种类型：磷钙石结核、磷钙石砂和磷

质泥，以前两种为重要。磷钙石结核是一些各种形状的块体，大小不一，颜色各异。一般直径为5厘米，大者有如一只只大冬瓜，最大的超过100千克。从美国圣迭戈以西的海底采集到一块大磷钙石，重128千克。它的颜色有的呈奶油色，有的呈深褐色或黑色。磷钙石结核结构致密，坚硬如铁。它的表面常蒙一层薄薄的氧化锰，呈玻璃光泽。磷钙石砂要比结核小得多，呈颗粒状，大小一般为0.1～0.3毫米，颇似一粒粒鱼卵。

磷钙石结核和磷钙石砂多分布于海湾浅水区、大陆架的外部、大陆坡的上部和海底滩脊的顶部。在水深几十米、几百米甚至3000米深的水域，都有发现。它们常和沙、泥、砾等海底表面沉积物掺杂一起。含磷钙石的沉积物一般呈薄层状，覆盖于海底。磷钙石在海底分布的密度为1千克/米^2。有资料表明，在北纬45°以北和南纬50°以南，没有发现富集的磷钙石。而在北纬45°至南纬50°这一宽阔的纬度带内都有广泛的分布。如美国、墨西哥、智利、秘鲁、阿根廷、西班牙、南非、中东、日本、印度、澳大利亚、新西兰等国家和地区附近海底，都有富集的磷钙石矿。其中，尤以美国的加利福尼亚海岸外最为著名。它是美国于1937年首先发现的一个浅海矿区，直到20世纪60年代，经过多次调查才确定其规模。从圣弗朗西斯科到加利福尼亚湾的北面，发现了100多个矿床，绵延1800千米，每平方米海底含有0.67～1.35千克磷钙石结核。据估算，在加利福尼亚近海区磷钙石结核的覆盖面积大概有1.5万平方千米，储藏量多达10亿吨以上。此外北美东部的大陆边缘的宽阔海域，也是磷钙石结核的富集区。在新西兰岛沿岸300～400米深的海底勘探到约1500万吨的磷钙石矿，如用作磷肥，可供新西兰用10年。

世界海底的磷钙石矿总储藏量约3000亿吨，按目前世界各国陆上开采磷矿的生产水平，只要取其1/10，就可供几百年开采。可见海

磷钙矿石

底的磷钙石多么富集！海底磷钙石不仅储量丰富，而且开采和选矿也方便，确实是一种很有开采前途的海底矿藏。还有一种情况，就是陆上的磷矿集中在少数国家和地区如美国、俄罗斯、摩洛哥等。为了满足其他国家的需要，必须长途运输，有时运输价格超过了矿物本身价格数倍。这将促使缺少陆上磷矿资源的国家向海底要磷钙石资源。目前，日本、澳大利亚等国正加紧勘探，准备开采海底磷钙石矿。

海洋是磷质的"仓库"，江河入海捎来大量的磷，海洋里从微生物到庞大的鲸类，身上都含有磷。各种来源的磷都汇集在海洋里贮存，是什么因素使磷质高度浓集而形成磷钙石矿呢？

最初，人们认为海底磷矿是由于海水温度、压力、盐度的变化，引起大量浮游生物的死亡而造成的。由于海洋生物的遗体及排泄物中都含有丰富的磷，如脊椎动物骨骼中含磷酸钙58%，一些贝壳内含五氧化二磷高达36.5%。所以它们死亡以后，遗体下沉，造成海底磷的集积。这就是磷矿生物成因说。

后来，有人根据陆地上沉积磷矿的研究以及现代海洋中不同深度带的磷的含量变化资料，又提出磷

钙石在海底陆缘带的化学成因说。这种学说，根据五氧化二磷含量的变化，将海水分为四层。第一层水深0～50米，是浮游生物的光合作用带。由于生物的生长和繁殖，从海水中吸取了大量的磷，因而使海水中的五氧化二磷浓度大大降低，每立方米海水一般只含有10～50毫克。第二层水深50～350米，是生物遗体下沉通过带，五氧化二磷虽有所增高，但含量仍很低。第三层水深350～1000米，为生物遗体大规模分解带，从生物遗体中分解出来的磷酸盐，使海水中的五氧化二磷浓度增高到300毫克以上。第四层水深1000米以下，由于生物遗体很难达到，五氧化二磷浓度又降低。当饱含二氧化碳和五氧化二磷的深层水随着海底上升水流被带到大陆架浅水区时，由于水温变高、压力降低，二氧化碳就会从水中逸散，或为生物所吸收，或生成碳酸钙沉淀。这样久而久之，就在海底形成巨大的磷钙石堆积。

磷钙石的成因除上述两种解释外，也有人提出另外的看法，认为富含磷沉积物的海水，可以和沉积物中的钙质物质作用生成磷钙石。

虽然磷钙石的成因迄今还有争论，但大量证据表明，生物和化学

沉积磷矿

因素是磷钙石形成的主要原因，至于不同海域的磷钙石形成的不同过程，尚有待进一步探讨研究。

海绿石同磷钙石一样，都是分布在大陆边缘的海底矿石，它们常常混杂一起，成为邻居。

海绿石生成于海底，是含水的钾、铁、铝硅酸盐矿物。海绿石中的氧化钾含量为4%～8%，二氧化硅、三氧化二铝和三氧化二铁的含量约占75%～80%。

海绿石颜色非常鲜艳，看上去有的是浅绿色，有的是黄绿色，还有的是深绿色。它的大小如砂粒，若在放大镜下观察，形态各异，有粒状、球状、裂片状等。它的表面带有光泽。它的硬度很低，没有磷钙石那么坚硬。

海绿石是提取钾的原料，也可以用作净水剂、玻璃染色剂和绝热材料，在轻工、化工和冶金工业方面有广泛用途。海绿石和含有海绿石的沉积物还可以用作农业肥料。

海绿石的分布水深范围变化很大，从30米到3000米水深都有发现，但是大多数集中在100～500米的区域。在大陆架、大陆坡的上部，以及个别海湾和深海海底沉积物中，都是海绿石的"家"。在许多地区的黏土、含砾石沙、生物贝壳、有孔虫沙、放射虫沙和抱球虫泥中海绿石特别富集。

海绿石

你知道吗

神奇的海绿石钾肥

海绿石可作钾肥，施放海绿石钾肥的作物，可提高农作物抗病害、虫害能力，如棉花凋萎病、烤烟花叶病，增强冬小麦的发芽率及根系的发育。施放海绿石钾肥的作物、土地，不污染环境，是无公害绿色蔬菜、瓜果理想的肥料，也是高尔夫球场草坪保持

常绿的最理想肥料。另外，海绿石钾肥对土壤具有产生疏松、保水的作用，可避免长期施用硫酸钾形成土壤板结，再加上海绿石钾肥中具有多种微量元素综合作用，对作物生长起着营养均衡作用，使果实色泽更加艳丽、饱满。

海绿石的形成也是比较复杂的，大致说来也与化学作用和生物沉积有关。

据分析，一些海绿石的生成与生物作用有关。海洋生物排泄出来的粪便、黏液和黏土胶结在一起形成粪球，构成了海绿石的原始物质。根据 X 射线、电子探针和电子显微镜观测分析，先是由粪球变成粒状海绿石，然后由于膨胀作用，再使粒状海绿石变成各种形状的海绿石。

还有一些海绿石是由黏土物质变成的。生活在海洋中的有孔虫和抱球虫死亡后，遗体下沉海底，絮胶状或碎屑黏土物质灌到贝壳里面，成为海绿石的原始物质。起初这种黏土主要成分是高岭石矿物，颜色很浅，含钾量很低，后来高岭石中的铝逐渐被铁替换，并失去了水，增加了钾，颜色也随着变深。最后，海绿石颗粒从贝壳中脱离出来，颜色变得更绿了。美国大西洋沿岸大陆架，南非大陆边缘和中国东海大陆架的多数海绿石都是这样形成的。

正是由于海绿石的成因各异，各海域环境也不同，因而海绿石在海底沉积物中的含量也就存在着地区差别。从已调查的几个海绿石富集区看，海绿石在海底沉积物中的含量多数占 30％～50％，高的可达 95％。例如，非洲西部沿岸和美国加利福尼亚岸外的某些海区，沉积物中海绿石的含量高达 85％～95％，而美国大西洋沿岸的大陆边缘，含量却在 30％以下。

除了上述地区外，南非沿岸和澳大利亚近海、摩洛哥、几内亚、日本、新西兰、菲律宾、葡萄牙、英格兰以及南千岛群岛周围海域，均有广泛分布。中国的黄海、东海海域也有发现，但含量不高，东海大陆架的外部沉积物中海绿石的含量为 5％，台湾浅滩某些地方含量较高。

漂亮的海绿石

深海"黄金"：海底基岩矿

基岩矿产是指埋藏在海底表层下面岩石中的各种矿产。它既包括陆缘海底基岩矿产，也包括深海海底的基岩矿产。其种类很多，有煤、硫、石灰岩等非金属矿产，也有铁、锡、铜、镍等金属矿产。

近岸带和大陆架浅水区埋藏的基岩矿产，多是大陆上矿脉的延伸。因此，陆上发现的矿产都可以在浅海海底找到。开采海底岩石的矿产，一般采用两种办法：一是从陆地开掘巷道，一点一点地向海底矿藏区掘进；二是建立人工岛开竖井采掘。这样，只能限制在离岸边不远的海域作业，而且开采的是具有特殊价值或规模巨大的矿藏。

用地下采矿法开采海底基岩矿产已有悠久历史。最早是英国。17世纪20年代，英国人在苏格兰浅水区建起人工岛，开掘竖井采煤；18世纪末，英国又在康沃尔开采海底锡矿。现在，澳大利亚、英国、美国、日本等13个国家，在近岸100多个海底矿区里开采煤、铁、锡、镍、铜、金、汞和石灰岩等矿产，其中主要是煤和铁。有些大型海底矿区可在

海面以下90～2600米，离岸距离8000米。

英国、日本、智利、加拿大等国，是开采海底煤矿最多的国家。日本的海底煤储藏量大约有43亿吨，占全国总储量的20%。1972年，日本从海底开采出原煤2698万吨，占当年日本全国煤产量的40%。苏格兰沿海的一些煤田已延伸到海底，并已探明了5.5亿吨优质煤的储量。智利的海底煤田储藏量占全国总储量的1/3。俄罗斯的东北部大陆架、美国阿拉斯加大陆架，澳大利亚东南和中国台湾近海也发现一些规模巨大的海底煤田。中国台湾省的橙基采取陆上巷道的方式开采海底煤矿。该煤矿的煤层0.3～3米厚，开采深度0～450米，离岸最大距离2700米。日本的九州煤矿，煤层距岸边约7000米，海水深度15米，

海底基岩矿产

采用的是人工岛竖井开掘，即在岸边修建一座水泥桩栈桥一直通往煤矿区的上面，再用泥沙和水泥填起一个人工岛屿，再在上面开掘竖井到煤层，然后向两边开拓平巷采煤。采用人工岛竖井开掘方法，主要特点是开掘平巷非常短，大大地节省了掘进和维护费用且矿石地下运输距离短。但是，该法最大的问题是修筑人工岛费用太高。如果水深时，修筑人工岛难度会更大。

海底铁矿，目前只有很少几个国家进行开采。加拿大纽芬兰岛的康塞普申湾有著名的大型海底铁矿，估计储藏量有40亿～200亿吨，现已探明20亿吨，其中可采量为12亿吨。早在20世纪50年代，加拿大就在这里的海底500米深处作业。法国也在开采大西洋沿岸诺曼底半岛近海的磁铁矿，以及芬兰湾的脉状磁铁矿和夕卡岩磁铁矿。瑞典在波罗的海也发现海底铁矿。

世界上第一个海底硫矿，是1949年在美国格兰德岛外13千米处钻探石油时发现的，矿层最厚达130米，平均含硫15%～30%。目前美国每年从浅海基岩中开采自然硫2000万吨，占全国产硫量的15%；路易斯安那州近海的两个大型盐丘也正在生产硫黄和盐矿。

1971年英国约克郡的海底钾盐矿业已投产。在澳大利亚西海岸外也发现钾盐矿层。有些地区的盐矿埋藏于更深的海底，如地中海、红海和墨西哥湾的深水区，蕴藏的盐层厚度达几千米以上。

海底基岩矿藏中的硫和岩盐的开采与煤、铁的开采不同。它们是通过钻井，先将加热的水或蒸汽注入矿层，使盐、硫等物质溶解，然后再抽上来进行回收。因此，在距岸较远的大陆架和大陆坡深水区，也能进行大规模开采。据探明，盐矿是一种储量十分可观的基岩矿产。在西非岸外、北海和墨西哥湾，已发现大量盐丘构造。在盐丘的表面常常有丰富的石膏，由于细菌和碳氢化合物的作用生成硫化氢，当硫化氢上升过程中，遇到向下渗透的、含有溶解氧的地下水时，就会被氧化成自然硫。

海底铁矿

中国在近岸带开采基岩矿产目前还不多，台湾省的橙基煤矿已在海底开采多年，辽宁省的大型铜矿也从陆上开采到海底。据勘探证明，像山东的金矿带，辽宁和山东黄县、蓬莱的一些煤矿已延伸到了海底。

海底的"黑烟囱"：海底热液矿床

1974 年 7 月，美法两国的调查船分别载着法国的"西亚纳号""阿基米德号"，和美国的"阿尔文号"潜水器。调查海域选在大西洋亚速尔群岛西南，北纬 36°30′～37° 附近的大洋裂谷带，该地区被称为法摩斯区。该区具有典型的大洋裂谷特征，水深在 3000 米左右，适宜于参加调查的潜水器的作业水深。

1974 年 7 月 10 日，"西亚纳号"载着两名驾驶员和一名科学工作者离开母船，由两名潜水员护卫，徐

海底热液硫化物

徐沉入幽暗的大洋深处。"西亚纳号"不断向洋底挺进，乘员们透过观察窗，看到洋底就像到处散布着被打破的鸡蛋，流出像蛋黄似的东西，它们千姿百态，有的像一块薄板，有的像圆锥体，有的像一卷卷棉纱，有的像绳子。这奇异的景观，并不是一般的海底泉流，这被科学家称为海底热液矿床。

海底热液硫化物就像海底的金属"温泉"，它像地表的温泉一样，但流出来的不是水，而是金属硫化物液流。科学家把这一现象称为"黑烟囱"。

科学家们经过考察证实海底"黑烟囱"的形成与海底火山运动有关：从"黑烟囱"中喷出的"黑烟"其实就是海底火山口喷出的金属硫化物，而"黑烟囱"则是由金属硫化物不断沉积而成。比发现"黑烟囱"更令科学家吃惊的是，在"黑烟囱"附近的高温、高压、没有阳光和氧气的海域，竟然栖息着各种各样奇怪而简单的生物，包括管虫和块头很大的蛤类，还有螃蟹、鱼虾、海贝、沙毛虫，以及一些不知名的海洋生物。状如郁金香的管状蠕虫长约 3 米，它们既没有嘴，也没有眼，甚至连消化系统也没有。它们只是把白色的管腔固定在岩石上，依靠

海底黑色的"烟柱"

身体来过滤海水中的养分。

海底热液矿床是近年来颇为引人注目的深海资源，在世界大洋水深数百米至3500米处均有分布，主要出现在2000米水深处的大洋中脊和地层断裂活动带，是一种具有远景意义的海底多金属矿产资源。主要元素为铜、锌、铁、锰等，另外银、金、钴、镍、铂等也在一些地区达到工业品位。从海底热液矿床的产出及开采看，它与锰结核或钴结壳相比，具有水深浅、矿体富集度大、易于开采和冶炼等特点。据悉，我国在大洋调查中，也发现了海底热液矿床。

海底温泉，不但养育了一批奇特的海洋生物，还能在短时间内，生成人们所需要的宝贵矿物。那些"黑烟囱"冒出来的炽热的溶液，含有丰富的铜、铁、硫、锌，还有少量的铅、银、金、钴等金属和其他一些微量元素。当这些热液与4℃的海水混合后，原来无色透明的溶液立刻变成了黑色的"烟柱"。经过化验，这些烟柱都是金属硫化物的微粒。这些微粒往上跑不了多高，就像天女散花从烟柱顶端四散落下，沉积在烟囱的周围，形成了含量很高的矿物堆。人们过去知道的天然成矿历史，是以百万年来计算的。现在开采的石油、煤、铁等矿，都是经历了若干万年后才形成的。而在深海底的温泉中，通过黑烟囱的化学作用来造矿，大大地缩短了成矿的时间。一个黑烟囱从开始喷发，到最终"死亡"，一般只要十几年到几十年。在短短几十年的时间里，一个黑烟囱，可以累积造矿近百吨。而且这种矿，基本没有土、石等杂质，都是些含量很高的各种金属的化合物，稍加分解处理，就可以利用。这是科学家在海底温泉的重大发现。

这种海底温泉多在海洋地壳扩张的中心区，即在大洋中脊及其断裂谷中。仅在东太平洋海隆一个长6千米、宽0.5千米的断裂谷地，就发现十多个温泉口。在大西洋、印度洋和红海都发现了这样的海底温泉。初步估算，这些海底温泉，每年注入海洋的热水，相当于世界河流水量的1/3。它抛在海底的矿物，每年达十几万吨。在陆地矿产接近枯竭的时候，这一新发现的价值之重大，就不言而喻了。

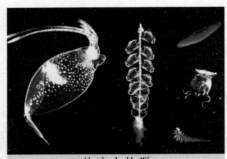

热液生物群

生活在"热泉"里的庞贝蠕虫

在东太平洋海底，那儿有一条长长的地壳活动带，发现有许多的海底热泉。有些热泉在冒出地面时会在出口处形成烟囱似的石柱。从"石头烟囱"里冒出来的热液，温度常能超过百度。就是在这样的沸水环境里，在这些冒着沸水的烟囱外壁上，生活着一种毛茸茸的软体动物，专家们叫它为"庞贝蠕虫"，经科学家研究发现，庞贝蠕虫是目前所知地球上最耐高温、最耐温差的动物。

对热液矿床的研究，解决了困扰地质学家们很久的难题，就是陆地上多金属矿床是如何形成的。原来热液矿床就是陆地多金属矿床的前身，只是由于地壳的运动，本来位于深海的热液矿床被抬升成为大陆的一部分。这类热液矿不仅对成矿理论具有重要价值，它本身就是正在形成着的活金属矿床，是一个宝藏。

其实1977年深海热液发现所引起的轰动，原因还不在矿物，而在生物。上面所说的"黑烟囱"，如果在扫描电子显微镜下放大观察，就可以看到表面上密密麻麻地布满着细菌。这些细菌靠热液带出的硫进行化合作用制造有机质，和我们习惯的靠光合作用产生的生物有着根本的区别。热液区生物的密度比周围的深海海底高出1万倍到10万倍，可以比作沙漠中的绿洲。

"万物生长靠太阳"，通常我们接触的生物确实是依靠太阳辐射，通过光合作用制造有机质。而深海热液生物群最大的独特之处在于不靠太阳，是"万物"以外的另一类生命。它们在深海没有光线和高温条件下形成生物、制造有机质，属于另外一种生物世界。

镇海之宝：深海锰结核

锰结核是一种多金属结核，它含有锰、铁、镍、钴和铜等几十种

元素。锰结核也称为多金属结核或锰矿球。锰结核遍布在世界各个海域，据估计，全球锰结核半数以上在太平洋的洋底，约1.7万亿吨。太平洋3000~6000米水深的海底表面是世界最大的锰结核基地。我国已在太平洋海底调查200多万平方千米的面积，其中有30多万平方千米为有开采价值的远景矿区，联合国已把其中15万平方千米的区域分配给我国作为开采区。还有一种矿藏，名叫富钴锰结核，它储藏在3000~4000米深的海底，比锰结核容易开采，美国、日本等国已为此设计了一些开采系统。

　　由于锰结核内含的各种物质是现代工业所急需的原料，为此开采海底锰结核迫在眉睫。美国的锰矿全靠进口，所以对锰结核的开发最为重视。目前美国在大洋锰结核开发技术方面处于领先地位。

深海锰结核

你知道吗

锰结核是什么时候发现的

　　追溯锰结核发现的历史，应该从100多年前的一次海洋调查谈起。1873年2月18日，正在做全球海洋考察的英国调查船"挑战者"号，在非洲西北加那利群岛的外洋海底，采上来一些土豆大小深褐色的物体。经初步化验分析，这种沉甸甸的团块是由锰、铁、镍、铜和钴等多金属化合物组成的，而其中氧化锰最多。剖开来看，发现这种团块是以岩石碎屑，动物、植物残骸的细小颗粒及鲨鱼牙齿等为核心，呈同心圆一层一层长成的，像一块切开的洋葱头。由此，这种团块被命名为"锰结核"。锰结核的大小尺寸变化也比较悬殊，从几微米到几十厘米的都有，重量最大的有几十千克。

　　锰结核不仅储量巨大，而且还会不断地生长。生长速度因时因地而异，平均每千年长1毫米。以此计算，全球锰结核每年增长1000万吨。锰结核堪称"取之不尽，用之不竭"的可再生多金属矿物资源。在陆地资源日趋枯竭的今天，海底

锰结核的存在实在令人类振奋不已。

锰结核资源来自全宇宙，来自天上，来自海底，来自大陆。宇宙每年要向地球降落2000~5000吨宇宙尘埃。宇宙尘埃中含有许多金属元素，分解后部分进入海水；大陆或岛屿的岩石风化后也能释放出铁、锰等元素，其中一部分被海流带到大洋沉淀；当火山岩浆喷发，产生的大量气体与海水相互作用时，从熔岩中搬走一定量的铁、锰，使海水中锰、铁越来越多；海洋浮游生物体内富集微量金属，它们死亡后，尸体分解，金属元素也会进入海水。当这些金属元素沉积海底后，在海水巨大的压力作用下，带极性的分子在电子引力作用下彼此吸附，并与海底火山喷出的物质和海底的鱼类残骸相结合，经过漫长的历史演变而形成锰结核。

第三节 矿产资源开发乐园

海洋固体矿产资源开发

在世界主要经济发达国家抢先占领有利的海上经济地位，把海洋作为未来经济的热点和增长点的形势下，我们应当急起直追，除国家做好战略规划和部署之外，至少应当做到：

①制订规划，保护资源，合理开发利用：做到有长远设想，也有近期安排，统一规划，统一管理，做到有计划有步骤地组织生产，以杜绝采富弃贫，采易弃难，采浅弃深的状况造成的资源浪费和环境污染。

②提高调查程度，寻找新矿源，探明更多的储量：资源储量的多少是经济发展快慢的主要因素之一。

建议加强对矿床成因、成矿条件、富集规律和沉积特点的研究，扩大找矿方向和调查范围，开展国际合作，引进先进技术和设备，深化和扩大海上调查工作。

③扩大生产，更新设备，提高经济效益：为了扩大生产规模，增加产量，国家应适当增加对矿山建设的投资，扩展融资渠道，提高自动化程度和机械化作业水平，提高劳动生产率。

海洋固体矿产资源

④加强探、采、选、冶各环节的研究；搞好综合利用、增加经济效益的重要一环：应建立专门专业技术队伍，适当引进先进技术装备，扭转技术落后的局面，达到最大限度地利用海底矿产资源。

海滩砂矿开采

砂矿是在水下环境中由碎屑矿物颗粒的机械富集作用形成矿床，存在于海滩和近海海底。人们不仅可以从这些灰黄的泥沙中淘出金灿灿的黄金，提炼出原子能、航空、冶金和国防工业的原料，如锆、钛、锡、铂，还可以用它来炼铁，就是砂子本身也是建筑上不可缺少的重要材料，如可用来制混凝土，以及用于玻璃和矿轮的生产中。

海滨砂矿分布十分广泛，矿种也很多，由于分布在海滨地带或水

海滨砂矿

深不大的海域，因而比其他海底矿产的开采技术容易得多。此外，它们经过水流的淘刷和分选，分布比较集中，品质比较高，往往又含有可供综合利用的多种矿产，所以在目前海底矿产资源的开发中，产值仅次于海底石油，列居第二位。

你知道吗

砂矿的开采高潮

现在有 30 多个国家从事砂矿的勘探和开采。如美国开采海滨的钛铁矿、锆石矿、金砂矿等；斯里兰卡开采海滨锡砂矿；印度尼西亚和泰国锡砂矿，开采水深已达 40 米以上；澳大利亚目前海滨砂矿的锆石和金红石产量分别占世界总产量的 60% 和 90%；中国已探明的，具有工业开采价值的砂矿达 13 种，主要有钛铁矿、锆石、独居石、金红石等。

海滨砂矿的开采已有 100 多年的历史，1852 年起美国就在西海岸采砂金和砂铬，1902 年泰国在近海采砂锡，西南非洲 1962 年起开采近海金刚石砂矿。海滨砂矿在世界矿产中占有一定的位置。海滨钛铁矿产量占世界总产量 30%，锡石占 70%，独居石占 80%，金红石占 98%，锆英石几乎占 100%，金刚

石占 90%。此外，砂金、铂等也都占了显要位置。

现在在海滨进行大规模开采的，有世界上最大的金刚石矿，东南亚的砂锡矿，阿拉斯加的砂金矿和砂铂矿，大洋洲的钛矿和锆石，日本的磁铁矿砂，冰岛的贝壳，以及美国西岸外的各种重砂矿和英国的沙砾矿等。

 ## 海底矿产资源勘探

海底矿产资源的勘探分为浅海勘探和深海勘探。深海勘探的对象主要是锰结核矿、热液矿；浅海勘探的对象很多，有石油、煤、铁和各种金属矿砂。近年来，石油勘探已向深海发展。浅海勘探的地点主要是滨海及大陆架，大陆架的地质和大陆的地质与勘探有一定的联系，

水下摄像机

因而岸上的地质资料可供浅海勘探参考。此外，勘探海底矿物需要合适的调查船，对调查船的要求主要取决于想要寻找的矿产类型和位置。

勘探方法有直接方法和间接方法。直接方法主要有观测和取样；而间接方法主要有声学探测技术、地球物理方法和地球化学的方法。

1. 直接方法

直接方法即观测海底矿床在海底中的位置，在浅的水域主要靠潜水员进行观测，而深的水域要靠载人潜水器进行观测。较常用的直接观测海底的方法是利用照相机和水下电视。目前水下照相机在海洋地质调查中已发展成一种较完善的工具，在研究海洋矿床方面已被广泛采用。水下照相机能够连续地拍摄海底相片，在拍摄过程中使照相机刚好在高于海底的位置上，同时周期性地被触发。

目前已利用各种具有广角镜头并能拍摄数百帧照片的大型静止照相机。德国采用的 70 毫米海底静止照相机，能曝光大约 300 次。这种照相机由具有能源和电子控制装置的照相机、闪光灯和触发器三部分构成。当触发器触及海底，它能够自动摄取海底照片。最新的发展是以声呐控制代替机械能触发器并配

备自返式取样装置，在拍摄照片后自动返回海面而被回收。但是，水下照相的缺陷是不能连续地进行拍照，不得不将照相机从海底回收，并且必须等到照片冲出来后才能获得关于海床矿床的资料。利用水下电视可以连续监测海底，并可将观测结果制成录像磁带作永久保留。但由于深海缺少光线以及摄像系统的分辨率有限，每次摄像只能获得相对小范围的海底像，另外由于摄像机不得不以缓慢的速度拖动，因此在水下电视操作期间所耗费的时间相对较多。

2. 间接方法

间接方法是在勘探中并不与岩石矿物直接接触，而是利用精度很高的仪器来探测岩石矿物的性质和埋藏深度的勘探方法。如利用声学探测技术中的精密回声测深仪、旁侧扫描声呐等。利用岩石矿石具有各种不同的物理性质，如密度、溶度、磁性、导电性等物理性质，采用地球物理方法等。

利用旁侧扫描声呐可以发现任何含锰结核地区中的其他的富集区。此外，高分辨率的旁侧扫描声呐还可以绘出粗糙海底锰结核分布区的概况。

利用地层剖面仪可以探测数千米水下的海底沉积层厚度及地质构造，实时获得海底地质剖面图，利用多普勒流速剖面仪可以在航行中连续测量水层剖面的多个层次的流速，最多可达64个层次，甚至更多。测量的数据由计算机实时处理。水下高速声信息传输系统可以将海底观察到的电视图像和声图像输送到水面。

锰结核的开发

20世纪初，美国海洋调查船"信天翁"号在太平洋东部的许多地方采到了锰结核，并且得出初步的估计，认为太平洋底存在锰结核的地方，其面积比整个美国都大。尽管如此，当时这个消息并没有引起人们多大的重视。

斗转星移，半个多世纪后，1959年，美国科学家约翰·梅罗发表了有关锰结核商业性开发可行性的研究报告，锰结核巨大的商业利益引起了许多国家政府和冶金公司的关注。此后，海洋锰结核资源的调查、勘探才大规模展开，开采、冶炼技术的研究试验也得以迅速推进。在这方面，投资力度逐年增加，取得显著成绩的有美国、英国、法国、德国、日本、俄罗斯、印度及

中国等。到 20 世纪 80 年代，全世界已涌现了 100 多家从事锰结核勘探开发的公司，并且成立了 8 个跨国集团公司。

锰结核

锰结核开采方法有许多种，比较成功的方法有链斗式、水力升举式和空气升举式等。

链斗式采掘机就像旧式农用水车那样，利用绞车带动挂有许多戽斗的绳链，不断地把海底锰结核采到工作船上来。

水力升举式海底采矿机械，是通过输矿管道，利用水力把锰结核连泥带水地从海底吸上来。

空气升举式同水力升举式原理一样，只是直接用高压空气连泥带水地把锰结核吸到采矿工作船上来。

20 世纪 80 年代，美国、日本、德国等国矿产企业组成跨国公司，使用这些机械，取得日产锰结核

300~500 吨的开采成绩。在冶炼技术方面，美国、法国和德国等也都建成了日处理锰结核 80 吨以上的试验工厂。总之，锰结核的开采、冶炼，在技术上已不成问题，一旦经济上有利可图，新的产业便会应运而生，进入规模生产。

我国从 20 世纪 70 年代中期开始进行大洋锰结核调查。1978 年，"向阳红 05"号海洋调查船在太平洋 4000 米水深的海底首次捞获锰结核。此后，从事大洋锰结核勘探的中国海洋调查船还有"向阳红 16"号、"向阳红 09"号、"海洋 04"号、"大洋 1"号等。经多年调查勘探，我国在夏威夷西南，处于北纬 7°～13°，西经 138°～157°的太平洋中部海区，探明一块可采储量为 20 亿吨的富矿区。为了维护我国在国际海底的权益，我国积极参与国际海底及其资源的开发利用与保护。自 1991 年以来，在中国大洋矿产资源研究开发协会的组织下，我国先后组织了 16 次远洋考察，在太平洋国际海底圈定了 7.5 万平方千米的多金属结核矿区，并与国际海底管理局签订了合同，争得了一块属于中国的金属结核矿区，使它成为中国在太平洋中一块宝贵的资源。中国继印度、法国、日本、俄罗斯之后，成为第 5 个注册登记的

中国是第5个开采锰结核的"先驱投资者"

大洋锰结核采矿"先驱投资者"。中国大洋矿产资源研究开发协会也由此成为我国远洋考察与开发研究的主力军。

　　日本是一个陆地资源极其贫乏的国家，自然对海底锰结核兴趣极大，他们对海底锰结核开发做了多年的研究与调查工作，1970年在太平洋塔希提岛附近3700米水深的洋底试开采成功。1974年以来，日本以国际贸易部为首的数家企业公司组成深海矿物资源开发协会，负责主持有关锰结核的开发和利用。日本由通产省主持大洋的矿藏资源开发，投资2万亿日元，于1989年研制成功了锰结核液压式开采设备。日本由近50家公司联合进行大洋矿产资源的勘查，其投入之高，堪称世界第一。此外，苏联曾借助两艘5000多吨的调查船"勇士"号及"门捷列夫"号，进行过海上调查研究。法国和德国对锰结核的开发也投入了一定的财力和人力。

第七章
大海的馈赠：海洋资源

　　动物、植物、微生物组成了广阔海洋中充满生机的庞大水族。世界各大渔场是资源丰富的"鱼仓"。海洋药物种类繁多、各显奇效。海床和底土的石油、天然气、多金属结核和热液硫化物等蕴藏丰富，是人类的"聚宝盆"。海洋中的潮汐、海浪、海流、温差一样能被驯化，为人类带来无穷的能量，造福于人类。

第一节　海洋是人类的宝藏库

人类的"聚宝盆"：海洋资源

　　人们生活在地球当中，陆地十分宽广，海洋蔚蓝深远而又辽阔。事实上，地球上水多陆地少，71%是海洋，陆地只占了29%。海水的总量是非常丰富的，其蕴藏量达到了13.5亿立方千米。全球总水量中海水占到97%，其余的淡水则多是南极洲和格陵兰的冰盖中的冰川，而那些河流或者湖泊里的淡水仅仅占了两千分之一的海水总量，大气层里的水蒸气所占的比例就更少了，只占到了海水的八万分之一。我国的东南部濒临太平洋，包括所属的渤海和黄海以及东海和南海，海域面积达到了400多万平方千米，而其中有300万平方千米的海域是由我国管辖，这片蓝色海疆资源丰富，面积约为陆地的1/3。

　　海洋是一片神奇的领域，它里面蕴藏了宝贵的资源，它把一些陆地分割开来，同时也连接着部分陆地。而海洋运输则很广泛，因为它运输成本较低，而运输量却很大。因此，很多沿海地区经济较为发达。全球经济不断发展，人口也在快速增长，淡水资源显然已不能满足人类需要，人类不得不从海洋中寻找淡水资源，海水淡化技术就是其中的一种方式。

深蓝的大海

丰富的海洋旅游资源

广阔的海洋和风光绮丽的滨海地带令人流连忘返。充分利用大海的自然风光，开发海滨旅游，也是人们利用与开发海洋资源的一个重要方面。中国十分重视海滨风景区的开发和建设，像我们熟悉的渤海海滨的北戴河、秦皇岛，黄海海滨的大连、烟台、青岛和连云港，东海海滨的普陀山和厦门，南海海滨的深圳、北海和海南的天涯海角等都是重点开发的海滨旅游区，每年都有大批的海内外旅游者到这些地方旅游。

地球上的溴和碘主要在海水中。而海水中的镁、钾和硫等，它们的含量也是很高的。这是什么原因呢？因为海水中有大量的溶解了的无机盐，而这些无机盐绝大部分是氯化钠，也就是我们通常说的食盐。假如这些食盐全部从海水中提炼出来，并且铺在陆地的表面，那么就可以铺成厚153米的盐层。在海洋里我们几乎可以发现所有元素，像钠、金等这些贵重的元素，虽然海水中它们的存在微乎其微，但由于其价值高，关于它们的提取利用将来也会成为人们所追求的。

石油和天然气是存在于海底的，是生活在海洋里的生物残骸经过漫长的岁月不断沉积起来形成的，储藏在合适的地质结构中。目前针对全球而言已经探明的石油储量为200亿吨以上，而天然气储量是80万亿立方米。世界上有多达100多个国家和地区在不断地进行海上的石油勘探与开发，每年的投入就有约850亿美元。渤海、东海、珠江口和莺歌海等是主要的7个海上含油气盆地。2005年我国海洋原油产量达到317 521吨，海洋天然气的产量则是62.7亿立方米，分别是1994年的4.4倍和16.7倍。

海底资源丰富，表面上也有非常多的矿产。而像砂石这样主要的建筑材料，在许多海滩上都是存在的。甚至还有磷、锆、钛、锡、金、钨、金刚石以及金红石和独居石等砂矿，这类砂矿的品位很高，要比陆地的矿山高得多。

大洋深处的海底盆地之上、3000～6000米深处广泛分布着多金属结核，有的大如鸡蛋，有的小如黄豆，总量大概在3万亿吨。而在这之中，尤以太平洋底的储量最为丰富，储量大概有1.7万亿吨。锰结核是其中含量较大的，里面含有锰、铜、镍和钴等金属，而锰的

物产丰富的海底世界

含量最高，故为锰结核。我们单单看太平洋里面的储量，锰结核中含锰4000亿吨，而里面含有镍164亿吨，钴58亿吨，铜88亿吨。而陆上已经发现的这些金属矿储量并不如海洋，只相当于海洋的几十分之一或几百分之一。更令我们吃惊的是，到目前为止，锰结核仍在以每年1000万吨的速度生长着。太平洋底新生长出来的锰结核，里面蕴含的钴可供全世界用4年，而铜可供全世界用3年，镍虽含量少，但仍够全世界用1年。

地球上的地壳不断运动，在海洋底部形成很多大裂缝。从红海等处的海底裂缝中不断喷出热泉，遇水冷却形成一些块状或枕状的金属结壳，泉水中富含多种金属，钴的含量很高，达到1%~2%，有人把它叫作钴结壳。这种高品位的矿藏数量也相当可观。因为这种矿的矿区离海岸较锰结核近，水也比较浅一些，开采起来比锰结核要容易些。

海洋是生命的摇篮。现在海洋中还生活着5000多种生物。海面附近的透光层里漂浮着无数微小的浮游植物，它们靠光合作用产生有机物，这是海洋有机物的初级生产力，一切海洋生物都是直接或间接靠它们来养活的。别看不起这些用肉眼

分辨不出的小小的各种浮游藻类，它们每年的产量多达 1350 亿吨，而陆地上生物的年产量才 190 亿吨。可是人不能直接从浮游植物中吸取需要的蛋白质和热量，还得靠高级一些的海洋生物把它们吸取，人再去吃高级一些的海洋生物。大约需 1000 吨浮游植物才能养活 1 吨高级海洋生物。即便如此，海洋能够提供人类食物的潜力还是很大的，可以达到陆地全部农牧产品的 1000 倍，有人估计海洋中可以捕捞的水产品就有 30 亿吨，可以毫不夸张地把海洋叫做巨大的食品库。

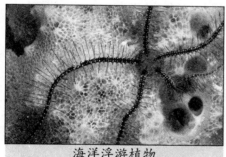
海洋浮游植物

海洋生物为了生存下去，在它们体内生产出各种各样的活性物质，有些活性物质有剧毒，用这些活性物质可以制成高效的药物和保健食品。癌症、艾滋病至今还是绝症，没有特效药医治，但现在已经从海洋生物中找到能杀灭癌细胞和艾滋病病毒的物质，很有可能将来能从海洋生物体内提取出这两种绝症的克星。

海洋在不断地运动和变化，海洋与大气之间水和热量的交换是全球气候变化的主要原因。从海洋吹来的季风周期性地带来温暖湿润的气候，在作物最需要水的季节降下雨来。暖流流过的海域温度比同纬度的其他地方高 5℃ ~ 10℃。寒暖经交汇的地方和有上升流的地方会形成大的渔场，这些都给人类带来巨大的利益。有的科学家把海洋比做"地球的肺""空调器""锅炉"，这些比喻相当贴切。可是海洋也有发怒的时候，它会引起风暴潮、海啸和厄尔尼诺现象，带来水旱等灾害。

海洋吸收了大量的太阳能，月球和太阳的引力也给予海洋巨大的能量，于是形成了潮汐能、波浪能、海流能、潮流能、温差能和盐差能等能源。我们知道举世闻名的三峡水电站每年能发出 800 多万千瓦的电力。可是全球潮汐能有 27 亿千瓦，即使只算沿海容易开发的部分也超过 1 亿千瓦；100 亿千瓦的波浪能中有 1/10 可以开发利用，也就是 10 亿千瓦；海流和潮流带有 50 亿千瓦的能量，其中 3 亿千瓦有可能开发；温差能发电潜力达 20 亿千瓦；盐差能有 26 亿千瓦。这些能源是可以再生的，因此是用之不竭的。开发它

海洋的惊涛骇浪

们还不会产生环境污染，是干净的能源。

你看，海洋不正是人间的聚宝盆吗？人类可以从海洋得到生存空间，通过海洋进行交往交流，可以从海洋得到维持生命和生产的水，还有各种矿产和燃料，海洋将营养丰富的食物和高效的药物提供给人类，将来还能供给清洁的能源。总之，海洋这个聚宝盆里几乎聚集着人类生存和发展所需的一切宝物。

近百年来，人类社会生产力飞速发展，其代价是陆地上的许多资源几乎被消耗殆尽，连淡水和粮食也告急了。地球上的陆地已难以承受60亿人的压力。海洋资源恰恰能解决人类的需要，人类未来的发展将要依靠海洋里的宝物。

 ## 分门别类：海洋资源分类

海洋资源十分丰富，种类繁多，其基本属性和用途均具多样性。因此，对海洋资源的分类还没有形成完善的、公认的分类方案。

由于海洋资源属于自然资源，按照自然资源是否可能耗竭的特征，将海洋资源分成耗竭性资源和非耗竭性资源两大类。耗竭性资源按其是否可以更新或再生，又分为再生性资源和非再生性资源。再生性资源主要指由各种生物和非生物组成的生态系统，在正确的管理和维护下，可以不断更新和利用，如果使用管理不当则可能退化、解体并且

海洋资源

有耗竭的可能。

　　海洋资源是一类特殊的自然资源，根据海洋资源本身的属性和用途对海洋资源进行分类，更便于强调和突出海洋资源的属性和用途，更有利于对海洋资源的研究、开发利用和保护。

　　根据属性和用途，将海洋资源分为海水及水化学资源、海洋生物资源、海洋固体矿产资源、海洋油气资源、海洋能资源、海洋空间资源、海洋旅游资源7大类。

 你知道吗

认识海洋空间资源

　　海洋空间资源是指与海洋开发利用有关的海岸、海上、海中和海底的地理区域的总称。将海面、海中和海底空间用作交通、生产、储藏、军事、居住和娱乐场所的资源，包括海运、海岸工程、海洋工程、临海工业场地、

海上机场、海流仓库、重要基地、海上运动、旅游、休闲娱乐等。

 星罗棋布：海洋资源分布

1. 海洋地理基本知识

　　按地貌形态与水文的特征，海洋可以分为海与洋两部分，海与洋连接处并无明显的界限，所以常统称为海洋。海洋不只是代表一个地区，还代表着一个空间，可以自上而下被划分为4个部分：表层水、水体、海床和底土，整个区域都是海洋资源的贮存环境。

　　(1) 海洋的面积、深度和分布。地球表面的面积大约为 5.1×10^8 平方千米，海洋的面积为 3.61×10^8 平方千米，约占地球表面积的70.8%。尽管海洋面积占的比例很大，但海水只是地球表面上的一层薄膜。世界海洋的平均深度为3795米，仅相当于地球半径的1/1600，海洋的体积约为 13.7×10^8 立方米，相当于地球总体积的1/800。占地球总水量的97.2%。

　　以赤道为标准，把地球分为南、北两个半球，北半球海洋占地表面积的60.7%，南半球海洋占地表面积的80.9%。

175

一望无际的海洋

(2) 海洋地理单元划分和特征。海洋由洋、海以及海湾、海峡等几部分组成，主要部分为洋，其余可视为附属部分。

洋：远离大陆，面积广阔，水深在 2000 米以上，并具有独立的海流、潮汐、温度、盐度、密度的体系，不受大陆影响的水域称为洋。大洋约占地球表面积的 63%，水色深，透明度大；盐度较高，表面盐度的平均值约为 35‰，年变化小。洋底的沉积物多为钙质、硅质软泥和红黏土。根据海岸线的轮廓等特征，全世界的大洋可以分为太平洋、大西洋、印度洋和北冰洋 4 个部分，它们大约占据了海洋总面积的 89%。

海：介于大陆与大洋之间的水域称为海。海约占地球总面积的 7.8%，水色浅，透明度小，各海区具有各自的海流体系，海的潮波没有独立的系统，一般从大洋传来，但其涨落较大洋大。海的水深较浅，一般在 3000 米以内，面积较小。海水温度受大陆影响，随季节更替有显著的变化，盐度则易受大陆径流的影响，其透明度也较大洋低。海底沉积物多为陆生的砂、泥等。海底与海岸的形态，受侵蚀与堆积的影响，变化较大。

根据海与洋的连接情况与一些地理标志的识别，人们又把深入大陆，或者位于大陆之间，有海峡连接毗邻海区的海域称为地中海；把

位于大陆边缘，一面以大陆为界，另一面以半岛、岛屿或以群岛与大洋分开的海域称为边缘海。

海湾和海峡是海或洋的附属部分。海的一部分延伸入大陆，其宽度深度逐渐减小的水域称为海湾，海湾的外部通常以入口处海角与海角之间的连线为界限。海湾中的海水性质一般与其相邻海洋的海水性质相近，在海湾中常出现最大潮差，例如，我国杭州湾的钱塘江潮驰名世界，潮差一般可达 6 ~ 8 米，最大时可达到 12 米。海洋中相邻海区之间宽度较窄、深度较大的狭长条带称为海峡。海峡的主要特征是急流，尤其是潮流很大。海峡中的海流又常常上下或左右流向相反，底质则多为基岩或沙砾。

(3) 海底形态。近一个世纪来，由于探索技术的发展，海底的奥妙逐渐被人们所了解。从海岸向大洋方向，海底大致可以分成大陆边缘、大洋盆地和大洋中脊等单元。

①大陆边缘。大陆边缘是指大陆与海洋连接的边缘地带，依据坡度和深度，大陆边缘可以分为三大部分，即大陆架、大陆坡和大陆基。

大陆架：从岸线到水深 200 米的区域，平均坡度很小，为 0°4′ ~ 0°7′，称为大陆架，面积约占海洋总面积的 7.5%。大陆架宽度因地区而异，在海岸山脉外围，大

边缘海

177

大陆架地表部分

陆架很窄，如南美洲太平洋沿岸；在沿岸平原外围却非常宽阔，如亚洲北冰洋沿岸宽度可达1300千米，世界各地大陆架的平均宽度约为75千米。多数情况下，大陆架只是海岸平原的陆地部分在水下的延伸。

大陆坡：陆架往下，坡度陡然增大，这个具有很大坡度的部分称为大陆坡。大陆坡平均坡度4°17′，水深为200～2500米。大陆坡呈带状环绕在大洋底周围，宽度从十几千米到数百千米不等。

大陆基：在大陆坡基部常有大面积的、平坦的、由陆源物质经过浊流和滑塌作用堆积成的裙状沉积体，称为大陆基（又称大陆隆、大陆裙）。大陆基坡度一般仅有1/700左右，平均深度3700米。

海沟和岛弧：有些地区，陆坡下面并不存在大陆基，取代它的是海沟或海沟－岛弧体系。海沟是深海海底的长而窄的海底陷落带，由大洋板块向大陆板块下方俯冲而成。全世界有20多条海沟，多数集中在太平洋。太平洋北部和西部的阿留申群岛、日本群岛、琉球群岛、菲律宾群岛等，无论单独或连起来看都呈弧形，又称为岛弧。在有些地区，海沟紧接着大陆坡的底部分布，更为常见的情况是海沟沿着大陆坡

上的岛弧分布。海沟与岛弧的位置关系，既有海沟在岛弧外侧的情况，也存在海沟在岛弧内侧的情况。

 你知道吗

世界上最深的海沟

马里亚纳海沟是目前（截至2012年）所知最深的海沟，也是地壳最薄之处。该海沟位于菲律宾东北、马里亚纳群岛东方，处在亚洲大陆和澳大利亚之间。它北起硫黄列岛、西南至雅浦岛，全长2550千米，为弧形，平均宽70千米，大部分水深在8000米以上。最大水深在斐查兹海渊，为11 034米，是地球的最深点。这条海沟的形成据估计已有6000万年，是太平洋西部洋底一系列海沟的一部分。1951年英国挑战者II号在太平洋关岛附近发现了它。

整个大陆边缘除大陆基外，其基底性质均与大陆地壳一样，下面是较厚的硅铝层，这与大洋盆地缺失硅铝层有明显区别，显示大陆边缘属于大陆的自然延伸。

②大洋盆地。大洋盆地是海洋

岛弧

的主体，位于大陆边缘和大洋中脊之间，坡度平缓，地形平坦广阔，但也分布着许多次一级的海底形态，如海岭、海山、深海谷、断裂带和海槽等。大洋盆地平均深度4877米，它的倾斜度在0°20′～0°40′。沉积物主要是大洋性软泥，如硅藻、放射虫、有孔虫软泥等，与大陆架、大陆坡有显著不同。

③大洋中脊。大洋中脊是大洋底的山脉或隆起，与一般海岭不同的是，大洋中脊起自北冰洋，蜿蜒在太平洋、印度洋和大西洋的洋底，像一条绵绵不断的海底山脉，$7×10^4$千米，它突出海底的高度达2000～4000米，宽度在数百千米以上，占海洋总面积的32.7%。

2. 海洋资源的分布

不同大类的海洋资源，在海洋中具有不同的分布规律。

海水与水化学资源分布于整个海洋的海水水体中。海洋生物资源也分布于整个海洋的海床和海水水体，但以大陆架的海床和海水水体为主。海洋固体矿产资源的滨岸砂矿分布于大陆架的滨岸地带，结核、结壳及热液硫化物等矿床分布于大洋海底。海洋油气资源分布于大陆架。海洋能资源分布于整个海洋的海水水体中。海洋空间资源和海洋旅游资源分布于海洋海水表层、整个海洋的海水水体及海底底床附近。

开采海洋油气资源

3. 海洋资源的性质及其所处环境特点

海洋资源与陆地资源相比，有其特殊的性质。

(1) 海洋资源的公有性。自古以来，海洋通常属于国家所有，或属于各国共有，这与陆地有很大的不同。目前，国家管辖海域内的自然资源通常属于国家所有，这是公有性的一个方面；海洋资源公有性的另外一个方面则体现为国际性。国际水域的资源属于全人类所有，这在国际海洋法中有明确规定。因此，近年来大规模的海洋调查、勘探和开发，经常采取国际合作的形式，并且成立协调各国利益的国际海洋开发组织。但是，在开发活动中，以海洋资源问题为中心的国际争端仍然长年不休。

表面平静的海洋

(2) 水介质的流动性和连续性。海水不是静止不动，而是向水平方向或垂直方向移动的。溶解于海水的矿物随海水的流动而位移；污染物也经常随着海水的流动在大范围内移动和扩散，部分鱼类和其他一些海洋生物也具有洄游的习性，这些海洋资源的流动使人们难以对这些资源进行明确而有效地占有和划分。世界海洋是连成一个整体的，鱼类的洄游无视人类的森严疆界四处闯荡，这样就给人类的开发带来一个在不同国家间利益和养护责任的分配问题；污染物的扩散和移动则可能会和给其他地区造成损失，甚至引起国际问题，这些都给海洋资源开发带来了困难。

(3) 水介质的立体性。海水作为一种介质具有三维的特性，因此海洋资源的分布也具有三维特性。海洋资源立体分布于海洋范围内，与陆地相比，这个特点非常明显。例如海水中的可以进行光合作用的植物，主要分布于平均 100 米左右水深的区域范围内，而陆上森林的平均高度仅有 10 米左右；生活在海水中的各种生物和海底矿物以及海滨风光，也呈立体状分布于海洋地理范围内，常常可以由不同的部门同时利用；另外，污染物质的扩散也在某种程度上呈立体状。海水的立体性，使得各国难以建立

固定设施来明确所属海洋资源的范围。

(4) 海洋资源贮存环境的复杂性。海洋中自然条件对人类活动的影响比陆地要大，各种生产方式在相当大的程度上仍然受到这些环境因素的制约。例如风浪、盐分的腐蚀以及海洋自然灾害等因素使得海洋开发不仅艰巨性大、技术要求高，而且风险也很高。

 ## 大海的"家底"：海洋宝藏知多少

据科学估算，海洋里生物也很丰富，大概有 20 多万种生物，约有 325 亿吨的海洋动物，而陆地上仅仅有不到 100 亿吨的动物。在我们所知道的元素周期表中，92 种天然元素有 80 多种在海水中。各种元素在海水中的含量大概是（每立方千米）：

超过百万吨的有氢 1.08 亿吨、氯 1987 万吨、钠 1105 万吨、镁 132 万吨，而超过万吨的则有硫 93 万吨、钙 42 万吨、钾 41 万吨、溴 6.8 万吨，超过吨的有锶 8500 吨硼 4500 吨、锂 180 吨、铷 120 吨、磷 90 吨、钼 10 吨、锌 4 吨、锡 3.7 吨、铜 3.7 吨、铀 3.3 吨、铜 3 吨、镍 2 吨、钒 2 吨、锰 2 吨、钛

1 吨，剩下的则是 1 吨以下的如铬 600 千克、银 100 千克、钴 80 千克、铍 65 千克、汞 50 千克、氦 7.2 千

金属钛

克、金 5 千克。

太平洋深远辽阔，矿产资源十分丰富。如今，矿产资源勘探开发工作多是集中在大陆架石油和天然气中，滨海砂矿核深海盆多金属结核、等方面也多有勘探。目前，世界的主要产油区有：加利福尼亚沿海、日本西部陆架、库克湾、东南亚陆架和澳大利亚沿海以及中国沿海大陆架和南美洲西海岸。滨海砂矿主要分布区为：东南亚各国沿海主要是锡矿分布区，尤其是泰国和印度尼西亚沿海；金、铂砂则多是在太平洋东海岸的俄勒冈至加利福尼亚沿岸，包括美国的阿拉斯加沿岸和白令海区域；钛铁矿、钻石、金红石最丰富的海区是印度和澳大利亚的沿海；中国有金刚石和锆石，还有金和金红石等

多种砂矿资源，在沿海共有十余条砂矿带。此外，中国、日本和智利的大陆架上还有丰富的海底煤田。而在深海盆区则蕴藏着更为丰富的多金属结核，夏威夷东南的广大区域是其主要集中区，约占到了世界总储量的一半，据估算，总储量将近有 17 000 亿吨。

石油、天然气、铁、煤、硫以及重砂矿和多金属结核等资源是大西洋丰富的矿产资源。主要的又很有名的海底石油和天然气分布区有加勒比海、北海以及墨西哥湾和几内亚湾。而马拉开波湾，由委内瑞拉沿加勒比海伸入内地的，已探明的石油储量有 48 亿吨之多；北海已探明石油储量大概是 40 多亿吨；美国所属的墨西哥湾石油储量已探明的有 20 亿吨；尼日利亚沿海则超过 26 亿吨。英国、西班牙、加拿大、土耳其，还有保加利亚和意大利等国沿海也发现了了大量的煤矿资源。

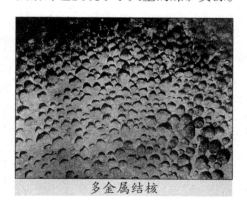

多金属结核

其中，英国东北部就有不少于 5.5 亿吨的海底煤炭储量，而大西洋沿岸许多国家在沿海发现了重砂矿。西南非洲则是世界著名的金刚石产地，产区由开普敦北至沃尔维斯湾的海底砂层。大西洋的多金属结核主要分布在北美海盆和阿根廷海盆的底部，已探明的总储量估计约为 1 万亿吨。

中东地区油气资源丰富，波斯湾海底石油储量为 120 亿吨，天然气则为 7.1 万亿立方米。在科威特以及沙特阿拉伯和澳大利亚的沿海地区发现了油气资源。印度洋也发现了多金属结核资源，但储量远不如太平洋和大西洋。

北冰洋的广阔大陆架区目前已发现了两个海区具有油、气远景，一个是加拿大群岛海域，另一个则是拉普捷夫海域，有利于碳氢化合物矿床的形成，而在它的海底也有锰结核、硬石膏矿床以及锡石。

根据科学的估计，大约有 1350 亿吨石油蕴藏在全球海底岩层中，占可开采石油总量的 45%。

从古至今，人类食物的一个重要来源就是海洋生物资源。如果生态环境良好，保护的比较周全，那么每年就可从海洋中获得 30 亿吨的水产品，300 亿人足够食用。实验表明，每千克的海产品中所含有蛋

白质，相比于同等重量粮食所含的蛋白质，足足超出了1.7倍。世界上各种海洋动物蛋白质每年的产量就达到4亿吨。

 你知道吗

磷虾资源

南极磷虾是高蛋白质的食物。据生物学家测定，南极磷虾肉中含蛋白质17.56%，脂肪2.11%，且含人体所必需的全部氨基酸。尤其是代表营养学特征的赖氨酸的含量更为丰富，与金枪鱼、虎纹虾和牛肉相比，南极磷虾的赖氨酸含量最高。世界卫生组织曾将南极磷虾、对虾、牛乳和牛肉的氨基酸综合营养价值比较评分，结果磷虾得100分，牛肉96分，牛乳91分，对虾71分。据分析，人体所必需的8种氨基酸，磷虾中均有，且合起来占蛋白质含量的41.04%。

太平洋是一个巨大的资源场，有许多的海洋生物，目前已知浮游植物380余种，多是硅藻、金藻以及甲藻和蓝藻等；而太平洋的海洋动物则更为丰富，主要有浮游动物、底栖动物以及游泳动物等，但总的数量并没有确知。水产资源最丰富的就是太平洋，太平洋的许多海洋

生物也具有开发利用的价值。每年有大约3500万～4000万吨的产量诞生在太平洋，其总量几乎占到了世界海洋渔获总量的一半。主要渔场包括中国的舟山渔场、秘鲁渔场；在西太平洋渔区，有日本的千岛群岛；另外，美国－加拿大西北部年鱼产量近2000万吨的沿海海域也是重要的渔场。

风景秀丽的千岛群岛

大西洋地区较为复杂，生物分布特征也多不同。浮游植物主要分布在中纬度地区，种类共有240多种；底栖植物一般分布在水深浅于100米的近岸区，大约相当于洋底总面积的2%；动物主要分布在中纬度区以及近极地区和近岸区，哺乳动物则主要是鲸和鳍脚目动物，鱼类则以鲱、鲈和鳕、鲽科为主。大西洋是很早就开发生物资源的大洋，它的渔获产量占据了世界各大洋的头名，太平洋在20世纪60年代以后退第二位，每年的渔获量也不如

大西洋，在 2500 万吨左右。大西洋的陆架区渔获产量约 1200 千克/平方千米，而它的单位渔获量平均则是每平方千米 830 千克。在大西洋中，北海、冰岛周围海域以及挪威海是渔获量最高的区域。重要的渔场也很多，像纽芬兰、加拿大东侧陆架区以及美国，另外地中海、加勒比海、黑海以及比斯开湾和安哥拉沿海也是大西洋中重要的渔场。

除此之外，印度洋生物资源也很丰富。所含的鱼类有 3000~4000 种，目前的渔获量约 400 万吨，主要是鲐鱼、鲲鱼和虾类，另外像沙丁鱼、金枪鱼、鲨鱼等。而阿拉伯半岛沿岸和非洲沿岸则是浮游植物的密集区，因为此处上升流显著。阿拉伯西北部则是浮游动物的主要集中区，索马里和沙特阿拉伯沿岸最为丰富。底栖生物以阿拉伯海北部沿岸为最多，并且在不断地向南减少。

更值得重视的是，这些海洋当中的海水本身蕴藏着巨大的能量，可谓用之不竭，包括潮汐能、海流能、波浪能以及温差能和盐差能等。大约有 1500 亿千瓦的海水能总量。

我们知道，海洋能是一种可再生的能源，污染小，效率高。这也说明，将来的发展必定是离不开海洋能源的，它的开发和利用也将是海洋开发的一个重要方面。

第二节　打开宝藏之门：海洋开发

寻找打开宝库
的金钥匙

打开海洋宝库的金钥匙在哪里呢？古人告诉我们："工欲善其事，必先利其器。"这把金钥匙就是"器"——技术，包括认识海洋、开发海洋和保护海洋的技术。海洋科学可使人类掌握海洋发展变化的规律，电子、机械、化工和生物工程的飞速发展更使海洋开发技术如

海洋开发

虎添翼。各种相关的新技术、高技术在海洋开发中都有用武之地。可是，海洋环境有很多特殊的条件，无论多么高明的技术，都不能直接搬过来就用，必须考虑到海洋的特点，克服许多困难，才能形成海洋开发的新技术、高技术。

海洋环境是严酷的：海水有很高的压力，每 10 米水深增加 0.1 兆帕，1 万米深的海沟底上的压力有 100 兆帕，连深潜器的钢壳都会被压缩。海水对电磁波和光波的吸收本领特别大，只有表面的几十米海水层照得进太阳光，100 米以下就是漆黑一团了；由于电磁波难以在海水中传播，在大气中使用的一切通信手段在海水中就都失灵了。海水的温度随着深度而变，从海面到温跃层之间温度缓缓降低。温跃层位于水深 500 ~ 1000 米之间，是很薄的一层。在温跃层以下，温度保持在 4℃左右，是一个寒冷的世界。海水中溶解的盐对大多数金属，尤其是钢铁有腐蚀作用，海水和大气交界的海面附近氧气很充足，腐蚀作用更强。海水中溶解氧的成分远远不能满足人呼吸的需要，人的肺也无法在海水中呼吸。放置在海水里的仪器、设备的外壳必须是抗压性和水密性很好的，否则强大的压力会使外壳破裂，海

水漏进去，腐蚀里面的仪器、设备，使其不能工作。海洋里有些生物（如藤壶）会在仪器、设备上附着、生长，影响透光、透声，使仪器、设备变"瞎"、变"聋"；这些粗糙的附着生物会使船航行时阻力增大，它们分泌的物质还会腐蚀金属、水泥材料表面。海水有潮汐涨落变化，发生风暴潮时水位变化会大大超过一般情况，造成灾害。海流、波浪会冲击置放在海中的设备和建在岸边的工程，甚至可把巨轮打成两截，把重达 60 千克重的石块抛到 28 米高。海水结冰时产生很大的膨胀力，大到能把海上的采油平台挤塌，一般船舶都不能在冰冻的海面航行。严酷的海洋环境，使许多科学家发出感叹："登天难，下海比登天更难。"

人类不能望洋兴叹。为了开发海洋中的各种资源，自 20 世纪 60 年代以来，人们坚持不懈地进行研究，克服了种种困难，开发出一大批海洋高新技术。这些高新技术不但使海洋捕捞业、海盐业、造船业和海运业这四项传统海洋产业得到更新，还兴起了海洋生物工程、海洋药物开发、海洋油气开发、海底矿产开采、海水淡化、海水直接利用、海岸工程、近海工程、海洋可再生能源利用、海洋观测技术和海

造船业在不断地更新

洋环保技术等新兴的产业部门。

人类发展至今已经繁衍到 60 亿人口，发展了大规模的工业、农业和服务业，除了消耗了陆地上大量的矿物、化石燃料 (煤、石油和天然气) 等不能再生的资源以外，还破坏了陆地上的土地、森林资源，工业废水、废渣、废气、汽车的尾气、生活污水和化学农药等直接、间接地排到海洋里，采油和运输事故使成万吨的石油溢入海洋中，造成大面积污染。可是海洋的自净能力是有限的。如果我们不警觉起来，采取防治污染的措施，就会破坏海洋这座宝库，而且会危及人类自身的存在。

1992 年，联合国在巴西的里约热内卢召开了环境发展首脑会议，会后发布的里约宣言中提出了"可持续发展"的概念，呼吁世界各国在发展经济的同时，要注意保持环境的健康，以使社会、经济的发展能够永远、持续地进行。人类必须未雨绸缪，在开发海洋资源、发展海洋开发技术的同时，保护好海洋环境，大力发展海洋环境保护技术，以使海洋永葆青春。

 高新技术的登场

现代高新技术的应用已经使海洋仪器向着精确、灵敏、长期和高效的方向迅速发展。20 世纪 60 年

卫星等高新技术在海洋开发中的应用

代初期，相当精密的温度、盐度、深度连续记录仪已经广为使用，后来，在此基础上又发展为更精密的温盐密度仪和自由降落式温盐微结构仪，其深度分辨率分别可达到 1 米和 1 厘米量级。用声学方法现已能测每秒毫米级的弱流，并能测量湍流的微结构。目前常用的海洋浮标，可以上测近海面大气的风速、风向、气温、湿度和气压等气象要素，下测各层海水的物理、化学等海洋要素，有的还可自动升降，作剖面观测。所观测到的信息可由其资料处理系统立即处理、存储和传递。传递的方式或直接发向岸台，或由卫星中转。另外，在导航系统、海洋地质钻探、深潜技术、浮游生物采集和海水分析技术方面，都有长足进步。因此，通过最近几十年的调查研究，人们对海洋的认识也越来越全面而深入，对海洋资源的了解越来越深刻。

海洋合作时代的来临

随着社会的发展，进入 20 世纪 50 年代以后，海洋在战略上和经济上的重要意义开始凸显出来，许多相关的国际机构在世界上建立了起来，如海洋研究科学委员会、联合国教科文组织政府间海事委员

189

优美的海景

会等。而国际机构也组织了多次的国际海洋联合考察，规模比较大的如1955年由美、日、苏联以及加拿大等共同参加的"国际北太平洋合作调查"等。而全球合作的海洋观测调查也在1957～1958年国际地球物理年中成功地进行了，这项规模空前的海洋调查参与的国家较多，由17个国家的70多艘船只参加，南极、北极地带以及赤道地区是重要的监测区域。之后，世界海洋资料中心也成立了，海洋研究进入了一个较新的发展阶段。进入20世纪60年代，国际海洋联合考察的次数增多，像1960～1964年"国际印度洋调查"是比较重要的，另外1963～1965年"国际赤道大西洋合作调查"和1965年夏季"黑潮及邻海区合作调查"以及1968年的"深海钻探计划"等都是比较主要的。在这国际印度洋的监测考察当中，使用了非常先进的机器，如精密回声测声仪和电导盐度计等新型测量仪器。加之一些新方法，出色地完成了观测任务，并且发现了一系列的新海山、群岛上升流渔场以及南纬15°附近冷涡等。在黑潮合作的调查当中，经过不断努力，发现了黑潮的起源及其分支和热带逆流，制成了利用以水质化学来加以分析的标准海水。参与的国家也非常多，主要包括：日本、美国、苏联、中国，另外菲律宾、越南、泰国、马来西亚、印度尼西亚、澳大利亚、新西兰等国也共同参加。

你知道吗

海洋开发的现状

现代海洋开发活动中，海洋石油、天然气的开发、海洋运输、海洋捕捞以及制海盐规模和产值巨大，属于已成熟的产业，正在进行技术改造和进一步扩大生产；海水增养殖业、海水淡化、海水提溴和镁、潮汐发电、海上工厂、海底隧道等正在迅速发展；深海采矿、波浪发电、温差发电、海水提铀、海上城市等正在研究和试验之中。

海洋勘探平台

等相结合，逐渐形成了从太空直至海面到海底的立体海洋监测体系，这也是一个全方位的监测体系。

"国际海洋考察十年"计划在1971到1981年进行，它是整个70年代国际海洋联合调查的主体，参加的国家主要有美、英、法、苏、日以及加拿大等30多个国家，整个计划包括三个部分，分别是海洋环境调查、地质学和物理学调查以及海洋资源的调查。同时，高速发展的现代科学技术，使人类认识海洋的能力不断提升，在现代海洋科学的发展中至关重要，这些科技有计算机技术、声学和光学技术、深潜技术以及遥感技术等。如今，各种性能的调查船结合卫星、飞机，并与水下实验室、海洋浮标、潜水器

水下机器人潜入海底

人们俗称的水下机器人，也就是无人遥控潜水器。它主要是由水面母船上的工作人员通过连接潜水器的脐带提供动力，以便操控潜水器，并通过水下的专用设备进行观察，还能通过机械手，发挥效应，进行水下独立作业。当今主要的无人遥控潜水器分为有缆遥控潜水器和无缆遥控潜水器两种，而有缆遥控潜水器又有分类，分别是水中自航式、拖航式和能在海底结构物上爬行这三类。

近10年以来，无人遥控潜水器

进入了发展快速期。1953年，世界上第一艘无人遥控潜水器问世，到1974年，紧紧20年的时间里，全世界就研制了20艘。特别是1974年以后，无人遥控潜水器得到了快速发展，因为这时海洋油气业发展迅速。1981年，无人遥控潜水器由之前的20艘发展到了400余艘，而这些大部分是直接或间接的服务于海洋石油开采的。1988年，无人遥控潜水器得到飞速发展，比1981年增加了110%，数量猛增到958艘。这个时期增加的潜水器多数为有缆遥控潜水器，数量大约在800艘上下，直接为海上油气开采用的有1400多艘。无人无缆潜水器只研制出了26艘，发展速度相对较慢，而作为工业用的有仅8艘，其他的主要用于军事和科学研究。此外，载人和无人混合潜水器在这个时期已经研制出32艘，得到了较快的发展，约有28艘是服务于工业的。

20世纪70年代，无人有缆潜

无人遥控潜水器

水器的研制才刚刚开始，80年代就进入了较快发展期。1987年，日本的深海无人遥控潜水器"海鲀3K"号研究成功，可下潜到3300米的深度。研究的目的是为了在载人潜水之前对预定潜水点进行调查，以便对深海进行相关研究的同时，利用它进行海底救护。"海鲀3K"号是有缆式潜水器，在设计上有所不同，主要各配置两套动力装置在前后、上下、左右三个方向，基本可以满足深海采集样品的需要。1988年，该技术中心配合"深海6500"号载人潜水器建造了万米级无人遥控潜水器，以满足进行深海调查作业的需要。这种潜水器可以较长时间地进行深海调查，主要由工作母船进行控制操作，总共投入了40亿日元。日本是很重视无人有缆潜水器的研制的，近期有近期的研究项目，远期则有大型的长远计划。目前，日本正在实施一项大型的规划，包括了开发先进无人遥控潜水器。这种无人有缆潜水器系统需要在一些方面不断地进行突破，例如在遥控作业、水下遥测全向推力器、声学影像以及海水传动系统、陶瓷应用技术水下航行定位和控制等方面。

欧洲确立了尤里卡计划，在无人有缆潜水技术方面，英国、意大利将联合研制无人遥控潜水器。这种潜水器性能优良，比现在正在使用的潜水器性能优良得多，现在的潜水器只能在水下4000米深度连续工作12小时，而计划研制的潜水器能在6000米水深持续工作250小时。根据尤里卡EU-191计划，另外建造两艘无人遥控潜水器：一艘是有缆式潜水器，主要用途是水下的检查维修；另一艘则是无人无缆潜水器，主要用途是水下测量。这项潜水工程计划主要将由17个机构参加完成，分别来自英国、意大利、丹麦等国家。"小贾森"有缆潜水器是由英国科学家研制的，它有独特

有缆式潜水器

的技术特点：采用计算机控制，主要是通过光纤沟通潜水器与母船之间的联系。母船上共有4台专用计算机，其功能分别是处理海底照相机获得的资料、处理海面环境变化的资料以及处理监控海洋环境变化的资料和处理由潜水器传输回来的其他有关技术资料等。母船会把获得的资料进行整理，整理后再通过微波发送到位于加利福尼亚太平洋格罗夫研究所的实验室，这些整理资料就存在那里的资料库里。

你知道吗

"海龙二号"探寻海底资源

"大洋一号"科学考察船第21航次自2009年7月18日从广州起航。就在开始不久的第三航段考察中，"大洋一号"首次使用水下机器人"海龙二号"在东太平洋海隆"鸟巢"黑烟囱区观察到罕见的巨大黑烟囱，并用机械手准确抓获约7千克黑烟囱喷口的硫化物样品。这一发现标志着我国成为国际上少数能使用水下机器人开展洋中脊热液调查和取样研究的国家之一。

无人有缆潜水器发展快，趋势明显，主要是特点有：一是操纵控制系统多采用大容量的计算机，来

进行数字控制和资料处理；二是水深大多在 6000 米；三是潜水器上的机械手采用多功能适时监控系统；四是推进器的数量与功率得到增加，作业的能力和操纵性能逐步提高。另外，潜水器在小型化和观察能力方面也得到不断关注和改进。

海洋遥感卫星助威

在科技迅猛发展的今天，海洋遥感技术日益成为国际科技界关注的热点。美国于 1978 年就发射了海洋卫星；日本在 20 世纪 90 年代初期也已发射了海洋卫星；俄罗斯有一系列卫星，其中"宇宙"系列卫星就包含了海洋遥感观测技术；欧洲资源卫星主要以海洋为目标，以法国为代表；北欧海洋遥感与观测技术的代表则首推挪威和瑞典。在 1990～1992 年期间，国际上发射了多颗极轨气象卫星，包括美国的 NOAA 系列后继卫星、欧空局 MOP 系列后继卫星和海洋卫星等，如欧空局欧洲遥感卫星 ERS-1、美法合作的海洋地形试验卫星 TOPEX/POSEIDON 等。在此期间，我国也发射了极轨气象卫星 FY-1(A-B)。由于中国气象卫星——风云系列卫星上有 2～4 个海洋通道用于观测

海洋水色等要素，因此，我国在北京、杭州、天津等城市建立了气象卫星地面接收应用系统。

极轨气象卫星

国际海洋遥感技术经历了两个阶段：第一阶段是气象卫星/陆地卫星的海洋应用阶段，我国发射的极轨气象卫星 FY-1(A-B) 也处于这个阶段；第二阶段是海洋卫星应用阶段。2002 年 5 月 15 日我国发射了第一颗海洋卫星"海洋一号 A"。"海洋一号 A"卫星的成功发射与运行，实现了我国实时获取海洋水色遥感资料零的突破，为海洋卫星系列化发展奠定了技术基础，在 2007 年 4 月 11 日 11 时 27 分，我国自行研制的"海洋一号 A"卫星的后续卫星"海洋一号 B"卫星顺利入轨及正常工作，结束了我国近年来没有实时海洋水色卫星数据的不利局面，标志着我国海洋卫星和卫星海洋应用事业跃升至一个新的高度。"海洋一号 B"卫星是我国

海洋立体监测系统的重要组成部分，主要用于海洋水色、水温环境要素探测，将为我国海洋生物资源开发利用、河口港湾的建设与治理、海洋污染监测与防治、海岸带资源调查与开发，以及全球环境变化研究等领域服务。我国海洋卫星的不断发射成功将带动遥感技术在海洋管理上不断细化。

随着海洋开发深度、广度的不断拓展，全球的海洋环境质量每况愈下，海洋环境监测与保护问题日益成为国际社会普遍关注的焦点。利用海洋遥感卫星，能够实现对全球海洋环境的同步观测，对我国近海海域水色信息进行大尺度、定量化提取，为海洋环境保护提供必要依据。

通过水色遥感卫星我们可以得到大量水色遥感图像，再对水色遥感图像进行分析就得到许多重要信息：一是海洋环境数值预报，如海温、海浪、潮汐、海面风场、海流等；二是海岸带灾害数值预报，如风暴潮、海啸、台风、巨浪、海冰、海雾、赤潮、溢油及其他污染等；三是海气相互作用过程预测，如 El Nino 和 La Nino 事件的中长期预测，海平面

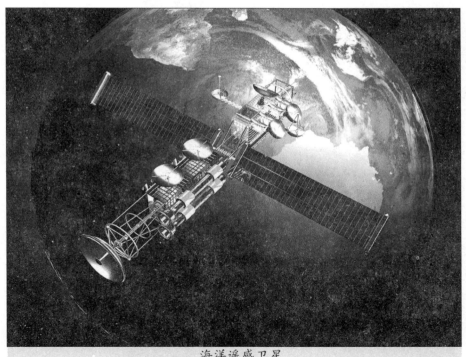

海洋遥感卫星

上升的中长期预测等；四是海陆相互作用过程预测，如海岸带侵蚀、河流冲击与河口改道、围海造田与环境效应等。

利用海洋遥感卫星数据结合相关资料，海洋管理就得到了可靠的依据，能够制作成各种产品，建立由近海到远海、多部门合作的海洋环境与灾害观测网络和数值预报、预警系统，开展主要海洋灾害的分析和评估业务，建立海上搜救中心和沿岸防灾准备应急系统，构建海洋减灾体系。对风暴潮、海冰等自然灾害进行预报预警，对赤潮、溢油、河口排污等海洋污染进行业务化监测，以减少海洋灾害带来的损失。